"十二五"国家重点图书

新能源与建筑一体化技术丛书

太阳能空调设计与工程实践

Solar Air Conditioning: Design Guidelines and Engineering Practice

代彦军　葛天舒　李　勇　编著

U0352477

中国建筑工业出版社

图书在版编目（CIP）数据

太阳能空调设计与工程实践/代彦军，葛天舒，李勇编著. —北京：中国建筑工业出版社，2017.2

（新能源与建筑一体化技术丛书）

ISBN 978-7-112-20171-6

Ⅰ．①太… Ⅱ．①代… ②葛… ③李… Ⅲ．①空调设计 Ⅳ．①TB657.2

中国版本图书馆 CIP 数据核字（2016）第 312257 号

责任编辑：张文胜　姚荣华
责任校对：焦　乐　党　蕾

"十二五"国家重点图书
新能源与建筑一体化技术丛书
太阳能空调设计与工程实践
代彦军　葛天舒　李　勇　编著
＊
中国建筑工业出版社出版、发行（北京海淀三里河路 9 号）
各地新华书店、建筑书店经销
霸州市顺浩图文科技发展有限公司制版
北京建筑工业印刷厂印刷
＊
开本：787×1092 毫米　1/16　印张：11¾　字数：287 千字
2017 年 4 月第一版　　2017 年 4 月第一次印刷
定价：**40.00** 元
ISBN 978-7-112-20171-6
　　　（29560）

出版说明

能源是我国经济社会发展的基础。"十二五"期间我国经济结构战略性调整将迈出更大步伐，迈向更宽广的领域。作为重要基础的能源产业在其中无疑会扮演举足轻重的角色。而当前能源需求快速增长和节能减排指标的迅速提高不仅是经济社会发展的双重压力，更是新能源发展的巨大动力。建筑能源消耗在全社会能源消耗中占有很大比重，新能源与建筑的结合是建设领域实施节能减排战略的重要手段，是落实科学发展观的具体体现，也是实现建设领域可持续发展的必由之路。

"十二五"期间，国家将加大对新能源领域的支持力度。为贯彻落实国家"十二五"能源发展规划和"新兴能源产业发展规划"，实现建设领域"十二五"节能减排目标，并对今后的建设领域节能减排工作提供技术支持，特组织编写了"新能源与建筑一体化技术丛书"。本丛书由业内众多知名专家编写，内容既涵盖了低碳城市的区域建筑能源规划等宏观技术，又包括太阳能、风能、地热能、水能等新能源与建筑一体化的单项技术，体现了新能源与建筑一体化的最新研究成果和实践经验。

本套丛书注重理论与实践的结合，突出实用性，强调可读性。书中首先介绍新能源技术，以便读者更好地理解、掌握相关理论知识；然后详细论述新能源技术与建筑物的结合，并用典型的工程实例加以说明，以便读者借鉴相关工程经验，快速掌握新能源技术与建筑物相结合的实用技术。

本套丛书可供能源领域、建筑领域的工程技术研究人员、设计工程师、施工技术人员等参考，也可作为高等学校能源专业、土木建筑专业的教材。

中国建筑工业出版社

前　言

中国是太阳能热利用大国，集热器年产量约 5000 万 m²，太阳能集热器产量和安装保有量约占世界的 70％，但这些集热器绝大部分用于热水系统。另一方面，空调是能耗大户，例如上海、北京等大城市夏季空调用电占据了社会总用电量的 40％。如能将集热器用于建筑空调，无疑会极大提高太阳能对社会能源的贡献率。

各国学者都在积极寻找能够实现夏季利用太阳能进行空调的有效方法，目的在于可以提高太阳能集热器的全年利用效率，另一方面可以开辟一条利用太阳能解决空调需求的崭新技术途径。太阳能空调的最大优点在于它有很好的季节匹配性，天气越热、越需要制冷的时候，太阳辐射条件越好，太阳能空调系统的制冷量也越大。太阳能空调规模化应用后有助于缓解夏季空调电力负荷。近期来看，也是解决集中式太阳能热水和供暖系统夏季热量过剩现象的理想途径。

国际能源署（IEA）先后专列了 Task38，Task48，Task53 三个专题，组织相关国家协调开展研究。近几年，国际上安装应用太阳能空调的项目超过 1200 个，出现了德国的 GreenChiller，澳大利亚的太阳能空调联盟等专业组织，积极推广太阳能空调制冷技术。我国在适于空调制冷的太阳能集热器及供热系统、热驱动制冷机研发和生产方面具有优势，已经有 100 余个太阳能空调应用工程项目。我国江苏双良、长沙远大、山东威特、山东禄禧等公司的吸收式空调，上海交通大学的吸附式空调、除湿空调，格力等公司的光伏空调产品在世界各地的太阳能空调项目中得到应用。

本书结合国内外太阳能空调的研究进展以及笔者在近 20 年以来的研究实践，就太阳能空调应用中涉及的系统设计、部件选型、运行等问题做了详细介绍和分析，具体内容有：太阳能空调基本原理和技术分类，适用的太阳能集热器和供热系统，太阳能空调机组、系统及末端，太阳能空调系统设计与性能计算，太阳能空调应用实例等。

出版本书期望能对近期太阳能空调进展和应用做一个较全面的总结，其中很多工作是上海交通大学太阳能课题组的研究成果。希望本书的出版能推动我国在太阳能空调方面的规模化应用，为我国太阳能利用事业发挥绵薄力量。本书部分研究成果得到了国家"十二五"科技支撑计划项目、国家 863 项目、国家自然基金项目的支持。特别是，意大利环境部支持建成了中意绿色能源实验室，为开展太阳能空调实验测试提供了条件。

本书的编写是在上海交通大学王如竹教授的关心下完成的，他的鼓励和支持给我们以动力，研究团队的成果为本书成稿奠定了基础。本书很多内容来自笔者指导的研究生论文，本书编写过程中，博士生戴恩乾付出了大量心血负责统稿，李慧、赵耀、李显、陈金峰、马继帅、周凌宇等为各章节内容做出了积极贡献。

作者在此对为本书出版做出贡献和帮助的所有人们表示由衷感谢！

代彦军

2016 年 9 月

目　录

第5章　太阳能空调系统设计　　94

第6章　太阳能空调系统性能及效益评估　　112

第1章 太阳能空调概述

随着我国国民经济的快速发展以及人民生活水平的不断提高，人们对建筑物空调与制冷的需求日益增加。目前，我国大部分空调制冷设备均是采用传统的电能驱动制冷方式。这种电能驱动制冷空调机不仅消耗大量高品位的电能，同时还会造成一系列的环境问题，例如氟利昂工质的排放而引起的臭氧层破坏，继而引起的温室效应等。太阳能是分布广泛、使用清洁的可再生能源，有望在未来社会能源结构中发挥更加重要的作用。太阳能制冷的提出开辟了一条利用太阳能解决空调制冷需求的崭新技术途径。

1878 年，在巴黎世界博览会上 Augustin Mouchot 展出了第一台太阳能驱动的吸收式制冷示范机组；20 世纪 80 年代，美国和日本的学者做了相对深入的研究；虽然在 20 世纪 90 年代发展进入滞缓期，但是近十年以来太阳能空调逐渐受到了各国学者的关注，其主要原因如下：

一方面，传统制冷空调消耗的电能是由化石燃料转化而来，而这正是环境问题的根源所在；氟利昂等空调里的工质具有破坏臭氧层的威力，继而导致全球温度升高；在一些国家，传统空调的使用已引起电力负荷失衡，造成电力供应短缺。另一方面，近年来随着工业的发展，太阳能集热器的技术水平和生产水平都达到了比较成熟稳定的阶段，自动控制技术发展渐趋完善，各国政府纷纷出台太阳能设备的补贴方案。基于这些条件，太阳能空调技术成为了国内外学者研究和关注的焦点。

1.1 什么是太阳能空调[1]

利用太阳能实现供热与制冷的可能技术途径如图 1-1 所示，主要包括太阳能转换为热能，利用热能供热制冷，以及将太阳能转换为电能，利用电能驱动相关设备供热制冷两大类型。根据需求，太阳能制冷过程也可以实现从空调到冷冻温区的不同要求。图 1-1 的左侧反映了太阳能收集与转换环节，其中太阳能集热器是将太阳辐射能转变为热能的装置，目前主要有平板式、真空管式和聚焦式集热器三种类型，获得的集热温度依次升高。依据太阳能集热器集热温度的不同，可直接用于热水供应以及供暖等，还可以驱动吸收式、吸附式、喷射式、除湿空调、朗肯循环、化学反应等过程获得制冷效应。还可以将太阳辐射通过光伏效应或者通过热发电等途径转变为电能，之后通过电能驱动蒸汽压缩制冷循环、斯特林循环以及热电效应实现制冷过程。另外，通过特定的可逆吸热和放热反应，以太阳能为热源，也能够实现特定场合下的制冷要求。

在各种太阳能制冷转换途径当中，太阳能热驱动空调能够和当前广泛应用的太阳能热水和供暖系统紧密结合，构成太阳能综合利用系统，从而实现太阳能利用与季节变化的最佳匹配。即利用一套太阳能集热器做到冬季供暖、夏季空调、四季热水供应等，因而可与建筑结合在建筑能源结构中发挥重要的作用，这也是实现太阳能规模化、低成本应用的理想途径之一。

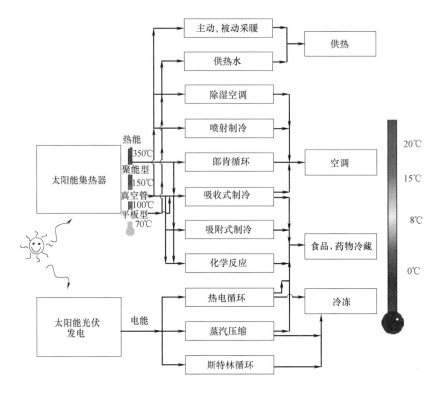

图 1-1 太阳能制冷、空调技术途径

1.2 太阳能空调的构成、分类和特点[2]

典型的太阳能空调系统由太阳能集热器、储罐、控制单元、管道、泵和热驱动的制冷机组构成,如图 1-2 所示。使用最多的太阳能集热器主要为高效率的平板集热器和真空管集热器。利用太阳能实现空调制冷主要有两种技术方式:一种是产生冷却水为工作介质的制冷方式;另一种是产生调节空气对建筑环境进行调节的技术方式。根据这两种不同的工作原理,太阳能空调主要可以分为太阳能冷水空调、太阳能除湿空调以及太阳能复合能量系统,如表 1-1 所示。

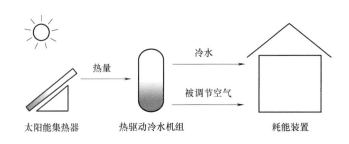

图 1-2 太阳能空调系统

太阳能空调分类				表 1-1
太阳能冷水空调		太阳能除湿空调		太阳能复合能量系统
太阳能吸收式空调	太阳能吸附式空调	太阳能溶液除湿空调	太阳能固体转轮除湿空调	

1.2.1 太阳能冷水空调

太阳能冷水空调是以产生冷却水为工作介质，根据与之匹配的制冷技术的不同，又可以分为吸收式空调和吸附式空调两种。

1. 太阳能吸收式空调

太阳能吸收式空调系统即是用太阳能集热器收集太阳能来驱动吸收式制冷系统，是目前为止示范应用最多的太阳能空调方式。

太阳能吸收式制冷技术，最早起源于 20 世纪 30 年代。到了 20 世纪 70 年代，世界能源危机的爆发，促使可再生能源利用技术以及低能耗、高效率和不破坏臭氧层的吸收式制冷技术得到了较大的发展。太阳能吸收式制冷技术作为二者的结合，受到了更多的关注。常用的吸收式制冷机有氨—水吸收式制冷机和溴化锂—水吸收式制冷机。

太阳能吸收式制冷由于利用太阳能，太阳能集热器的技术对于太阳能吸收式制冷的发展也有限制。目前规模应用的平板和真空管集热器在超过 90℃ 的集热温度下效率较低。因此，用于太阳能制冷的吸收式制冷装置其制冷循环方式都是以采用单效方式为主。再细分下去，有单效单级和单效双级两种。目前国内外的太阳能制冷空调系统通常采用热水型单级吸收式溴化锂制冷机。常用的吸收剂/制冷剂组合有两种：一种是溴化锂—水，适用于大中型中央空调；另一种是水—氨，适用于小型家用空调。

图 1-3 为太阳能驱动单效溴化锂—水吸收式制冷循环原理图。冷水在蒸发器内被来自冷凝器减压节流后的低温冷剂水冷却，冷剂水自身吸收冷水热量后蒸发，成为冷剂蒸气，进入吸收器内，被浓溶液吸收，浓溶液变成稀溶液。吸收器里的稀溶液，由溶液泵送往热交换器、热回收器后温度升高，最后进入再生器，在再生器中稀溶液被加热，成为最终浓溶液。浓溶液流经热交换器，温度被降低，进入吸收器，滴淋在冷却水管上，吸收来自蒸发器的冷剂蒸汽，成为稀溶液。另一方面，在再生器内，由来自太阳能集热器的热水加热溴化锂溶液后产生的水蒸气，进入冷凝器被冷却，经减压节流，变成低温冷剂水，进入蒸发器，滴淋在冷水管上，冷却进入蒸发器的冷水。该系统由两组再生器、冷凝器、蒸发器、吸收器、热交换器、溶液泵及热回收器组成，并且依靠热源水、冷水的串联将这两组系统有机地结合在一起，通过对高温侧、低温侧溶液循环量和制冷量的最佳分配，实现温度、压力、浓度等参数在两个循环之间的优化配置，并且最大限度地利用热源水的热量。以上循环反复进行，最终达到制取低温冷水的目的。

太阳能吸收式空调系统可以实现夏季制冷、冬季供暖、全年提供生活热水等多项功能。与传统空调系统相比，太阳能吸收式空调分别结合了太阳能和吸收式制冷机两方面的优势，因此具有以下显著特点：

（1）无温室气体排放，不破坏臭氧层；

（2）夏季太阳辐照越好，制冷量越大，制冷效果越显著，具有很好的季节匹配性；

（3）系统以太阳能为动力，节能环保。

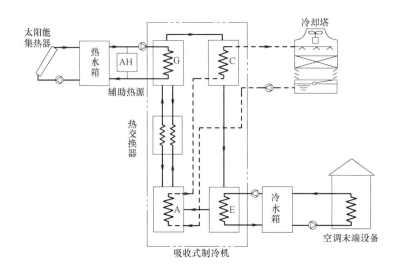

图 1-3 太阳能驱动单效吸收式制冷循环示意图

G—发生器；C—冷凝器；A—吸收器；E—蒸发器

2. 太阳能吸附式空调

太阳能吸附式空调即是以太阳能为热源，利用吸附式原理的制冷空调系统。太阳能吸附制冷由于所需驱动热源温度低、对环境零污染而备受人们关注。吸附式制冷系统可使用水、甲醇等作为制冷剂，可以由 $50\sim90℃$ 的热源驱动。而普通太阳能集热器的集热温度通常正好在这个范围之内。把太阳能和吸附制冷相结合，可以很好地解决太阳能集热器夏季热量过剩、无处可用的突出问题，为太阳能集热器拓展应用开辟新的领域。

吸附制冷的原理是：吸附剂对某些蒸汽具有吸附能力，当吸附剂吸附制冷剂蒸汽时，制冷剂由液态转变为气态，吸收蒸发器中的热量，产生制冷效果。这个过程叫吸附过程；然后利用热源加热吸附剂，使吸附剂解析出制冷剂蒸汽，制冷剂蒸汽在冷凝器中放出热量凝结为液体，这个过程叫解吸过程；最后吸附剂被冷却水冷却重新获得吸附能力。太阳能吸附制冷，即利用太阳能集热器集取太阳辐射能，加热载热流体（一般为水），然后替代电能或燃气为吸附式制冷解吸过程提供热量。太阳能吸附制冷能力与太阳能提供的热水温度、吸附工质对性质及吸附压力密切相关。与其他制冷方式相比较，太阳能吸附制冷空调具有以下特点：

（1）系统结构及运行控制简单，不需要溶液泵或精馏装置；

（2）可采用不同的吸附工作对，以适应不同的热源及蒸发温度；

（3）系统的制冷功率、太阳辐射及空调制冷用能在季节上的分布规律高度匹配，即太阳辐射越强，天气越热，需要的制冷负荷越大时，系统的制冷功率也相应越大；

（4）与吸收式及压缩式制冷系统相比，吸附式系统的制冷效率相对较低；

（5）由于太阳辐射在时间分布上的周期性、不连续性及易受气候影响等特点，太阳能吸附式制冷系统用于空调或冷藏等应用场合通常需配置辅助热源。

吸附式制冷采用的工质对通常为分子筛—水、硅胶—水及氯化钙—氨等，由于采用硅胶—水工质对的吸附式制冷机需要的热源驱动温度低，因而被选作太阳能吸附空调的主要主机形式。

　　图 1-4 为上海交通大学发明的硅胶—水吸附冷水机组示意图，该实际系统已经在一系列太阳能空调工程中获得实际应用。

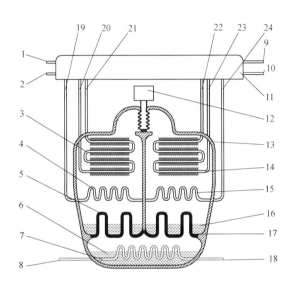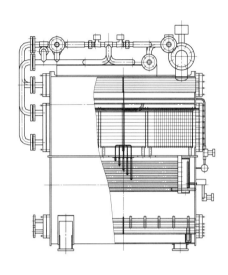

图 1-4　上海交通大学发明的硅胶—水吸附制冷机组示意图

1—热水出口；2—热水进口；3—左吸附床；4—左冷凝器；5—左隔离器；6—甲醇；7—蒸发器；
8—冷冻水入口；9—冷却水出口；10—冷却水入口；11—阀门组件；12—回质真空阀；13—机组外壳；
14—右吸附床；15—右冷凝器；16—制冷剂（水）；17—右隔离器；18—冷冻水出口；19—冷凝器出口；
20—左吸附床入口；21—左吸附床出口；22—右吸附器出口；23—右吸附器出口；24—冷凝器入口

1.2.2　太阳能除湿空调

　　太阳能除湿空调是一种利用干燥剂除湿和蒸发冷却原理，依靠太阳能热能驱动的空调处理技术，可实现夏季空调与冬季供暖。太阳能具有与室内负荷匹配性好且不需要消耗一次性能源的特点，而转轮除湿空调具备对热源温度要求低的特点，将两者结合起来自然成了国内外研究应用的焦点。太阳能除湿空调可以分为太阳能溶液除湿空调和太阳能固体转轮除湿空调。

　　1. 太阳能溶液除湿空调

　　太阳能溶液除湿空调利用盐溶液除湿、蒸发冷却以及太阳能集热再生原理进行工作，可实现夏季制冷以及冬季供暖。除湿剂溶液具有的浓度差蓄能作用可以克服太阳辐射的不连续，是太阳能利用的一种有效的途径。

　　如图 1-5 所示，溶液除湿空调系统主要由除湿器、再生器、换热器、溶液泵组成。在除湿器里，常温状态下高浓度的除湿溶液与被处理空气直接接触，由于除湿溶液表面的水蒸气分压力比处理空气水蒸气分压力低得多，所以空气中的水蒸气以扩散传质的方式进入溶液。经浓溶液干燥后的处理空气在蒸发冷却器里蒸发吸热，产生冷却水或者冷空气，用于空调制冷。稀释后的除湿剂溶液在溶液泵的作用下，被送到再生器，温度较高、浓度较低的溶液与环境空气/经加热后的环境空气直接接触，此时溶液表层水蒸气分压力高于湿空气表层水蒸气分压力，因而溶液里面的水分不断扩散至空气中，完成除湿溶液的再生过程。

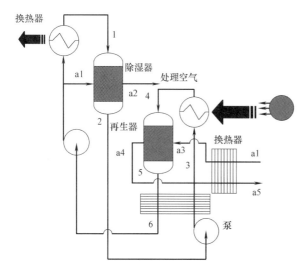

图 1-5　太阳能溶液除湿空调流程图

太阳能溶液除湿空调相对于常规空调，具有以下特点：

（1）有利于改善室内空气品质。由于空气经过喷盐水室的处理，因此达到了洗涤、除尘和杀菌作用，从而解决了室内空气中含有粉尘和有害病菌的问题。

（2）利用可再生能源——太阳能驱动溶液除湿空调，可以解决夏季制冷特别是空调除湿带来的能耗问题。

（3）太阳能溶液除湿空调系统蓄存浓溶液蓄存空调能力，可以实现长时间跨季节无损储存。

2．太阳能固体转轮除湿空调

固体除湿空调系统，可分为固定床式和旋转床式，其中旋转床式可实现连续除湿，是目前应用研究的重点。转轮是除湿空调的核心部件，通过在基材上添加干燥剂，并利用基材和干燥剂的吸湿作用实现处理空气和再生空气间的热湿交换。干燥剂材料的吸湿性能是影响除湿效果的关键因素，常用的干燥剂材料有活性炭、活性氧化铝、分子筛、硅胶、氯化锂和氯化钙等。

除湿空调融了干燥除湿和蒸发冷却技术，可实现温湿度的独立控制。

太阳能热水系统是目前应用最成熟的太阳能技术，应用量大面广。太阳能热水系统与除湿空调结合，可有效地将夏季过剩热量转变为空调能力输出。太阳能集热器产生的热水，在换热器中与再生空气进行换热。加热后的再生空气驱动转轮除湿装置对处理空气进行处理，除湿后得到干燥空气。这部分干燥空气经蒸发冷却或者其他措施降温处理后获得理想状态的调节空气送往室内进行空气调节。系统流程如图 1-6 所示，集热系统主要包括了太阳能集热器、蓄热水箱、水—空气换热器、水泵、风机、流量调节与控制部件等。系统可以实现如下功能：采用集热器与辅助热源相结合来驱动转轮除湿空调机组，晴好天气条件下，主要依靠太阳能驱动除湿空调机组进行空调过程，太阳能不足时，可启动辅助能源装置补热或启动常规空调装置进行空调。

基于太阳能热水系统的转轮除湿空调具有热源温度稳定、系统运行连续、集热效率高等优点。与常规空调系统相比，具有以下特点：

（1）系统循环工质为空气和水，对环境无害；干燥剂可以吸附空气中的有害物质，减少室内环境污染；

（2）通过该技术可利用普通太阳能集热器获得热能用于环境空调，最终可实现将约40％以上的太阳辐射能量转变为空调能力输出；

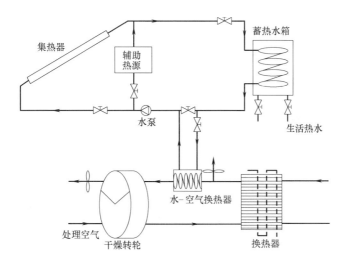

图 1-6　太阳能热水驱动转轮式除湿空调流程图

（3）太阳能集热系统可用于冬季供暖，太阳能热水系统还可满足建筑全年生活热水需求；

（4）太阳能除湿空调系统可与热泵空调机组耦合运行，充分利用空调排热，实现潜热和显热分级处理，同时显著提高空气调节的品质。

1.2.3　太阳能复合能量系统

单纯的太阳能制冷空调系统由于要用较多的集热器面积，往往初投资较大，改善系统经济性的途径就是想办法提高太阳能集热器的利用率，如冬季用于建筑供暖、全年供应热水、夏季空调等。图 1-7 为上海交通大学发明的太阳能空调、供暖、热水供应与强化自然通风复合能量利用系统，其特点是能够实现太阳能全年高效利用。冬季利用集热器产生的

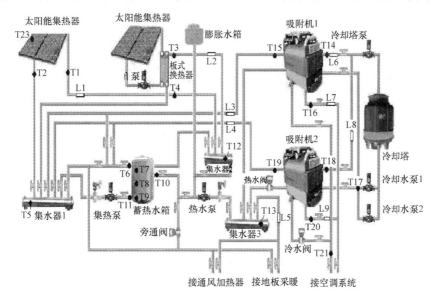

图 1-7　太阳能空调、供暖、热水供应与强化自然通风复合能量利用系统

40℃以上的热水通过地板辐射供暖末端进行供暖，夏季利用 60℃以上的热水驱动吸附制冷机进行空调降温，全年供应热水，过渡季节利用太阳能加热强化室内自然通风，改善室内热环境，该项目入选了国际 Wisions 可再生能源推广计划。复合能量系统技术被认为是建筑结合规模化、低成本利用太阳能的重要方向。

1.3　太阳能空调的应用

从目前国内外报道情况来看，根据 IEA 有关机构报道，2015 年，全球主要是欧洲应用和示范的太阳能空调项目在 1200 个左右，按应用场所分类，不同应用场所所占比例如图 1-8（小型太阳能空调）和图 1-9（大型太阳能空调）所示，其中用于办公室供冷的太阳能空调占比例最大，私人住宅占了小型太阳能空调机组的 28％。按技术分类，不同技术所占比例如图 1-10（小型太阳能空调）和图 1-11（大型太阳能空调）所示。其中太阳能吸收式空调占据了大部分，吸附空调其次，除湿空调所占份额最少。

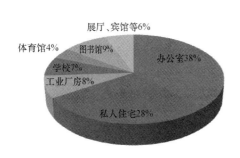

图 1-8　小型太阳能空调的应用

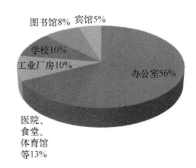

图 1-9　大型太阳能制冷的应用

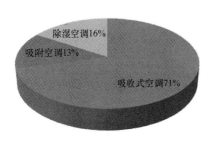

图 1-10　小型太阳能空调的技术分类

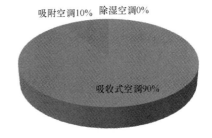

图 1-11　大型太阳能空调的技术分类

我国的太阳能空调应用示范项目根据报道大约 100 个左右。与欧洲的不同在于我国在吸附式制冷、除湿空调和两级吸收式空调的研究应用方面具有特色，有关工作走在了国际前列。

1.3.1　应用实例

1. 德国斯图加特市 Meissner & Wurst 公司太阳能空调系统[3]

1997 年，德国斯图加特市 Meissner & Wurst 公司和中国北京桑达太阳能技术有限公司德国分公司签订协议，由桑达公司为该公司生产厂建造一套太阳能吸收式空调系统，提供夏季制冷和过渡季节生活热水功能。1998年5月该系统建成，系统原理图如图1-12所示，系统构成如下：

（1）太阳能集热器系统。该系采用1600支北京桑达太阳能技术有限公司生产的直流式太阳能集热器，以45°倾角面朝正南安装。实际安装面积430m²，有效采光面积300m²。将来自制冷机80℃的水加热到95℃，送到制冷机作为驱动热源。在过渡季节，太阳能热水用来供应生活热水。

（2）吸收式制冷系统。采用单效溴化锂—水吸收式制冷机，热水进口温度95℃，出口温度80℃。最大输入功率800kW，最大制冷量560kW。在95℃热源条件下，产生6℃冷水，送入空调房间的风机盘管与流经室内空气进行热湿交换，以实现空调效果。

（3）辅助加热系统。利用电厂发电机和一局部加热系统排出的废热水作为热源，保证系统运行不受天气变化影响。

（4）该系统没有配备冷量蓄存装置。

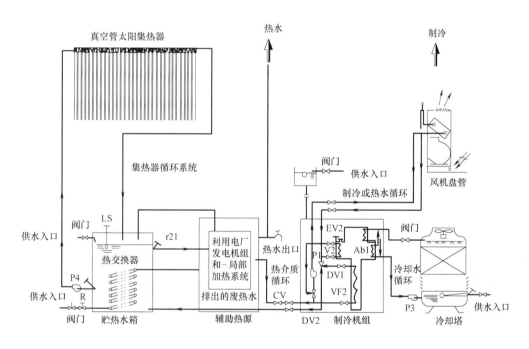

图1-12　太阳能空调系统原理图

2. 山东乳山太阳能吸收式空调及供热综合系统[4,5]

"九五"期间，原国家科委（现科技部）把"太阳能空调"列为重点科技攻关项目，要求建成示范系统，以促进太阳能空调的应用与发展。中国科学院广州能源研究所和北京太阳能研究所承担了该项科技攻关任务，一南一北建设了两座大型太阳能实用性空调系统。位于山东乳山，1999年投入运行的这个太阳能吸收式空调及供热综合系统就是其中之一。

（1）系统构成

太阳能吸收式空调系统，由于初投资费用大，如果仅在制冷季提供冷量，冬季供暖季及过渡季节闲置，则无疑将造成巨大的资源与能源浪费，因此设计成具备冬季供暖以及常年提供生活热水功能的综合系统较多。

该系统由热管式真空管集热器、单效溴化锂吸收式制冷机、储水箱、循环泵、冷却塔、空调箱、辅助燃油锅炉和自动控制系统等几部分组成，夏季制冷、冬季供热以及过渡季节提供生活用热水。

太阳能集热器总采光面积540m²，制冷、供热功率100kW，空调、供暖建筑面积1000m²，过渡季节供生活用热水量32m³/d。

（2）系统特点

该系统所采用的集热器为北京太阳能研究所自行研发的热管式真空管集热器，依建筑屋面以35°倾角安装（山东乳山当地纬度为北纬36.7°）。

所使用的热管式真空管集热器，与普通真空管集热器相比，具有效率高、耐冰冻、启动快、能承压、耐热冲击等优点[6]。而且由于在真空管内采用了半圆弧状弯曲吸热板，据测定，全天得热量比平面吸热板真空管集热器要高10%以上。从图1-13可见，该系统设置了一大一小两个储热水箱。设置两个储热水箱的目的是为了使用小储热水箱来保证系统的快速启动，使每天上午经集热器加热的热水温度能够尽快达到夏季制冷机工作温度以及冬季供暖温度。大储热水箱则是用来贮存多余的热能。

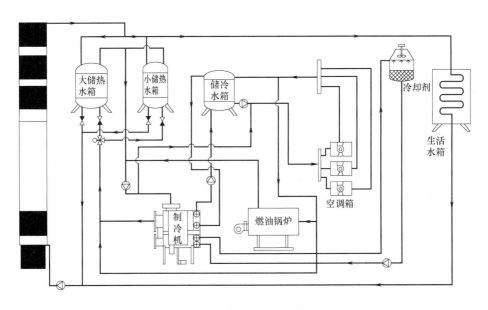

图1-13 太阳能吸收式空调及供热系统流程图

另外，系统还设置了一个储冷水箱，与制冷机相连，将制冷机所产生的多余低温冷水进行储存。采用储冷水箱还有一个重要原因，即储冷的效率要比储热效率高，因为热水温度与环境温度之间的温差高达50余度，远高于储存冷水与环境温度之间的温差（约20余度）。

（3）性能参数

整个系统性能参数如表1-2所示。

3. 欧洲国家的太阳能吸附式空调示范工程

欧洲一些发达国家，对太阳能吸附式空调进行了深入的研究。由法国、德国、奥地利、希腊、意大利。葡萄牙及西班牙7个欧洲国家发起的"Climasol计划"就推出了采用太阳能空调的示范工程[7]。"Climasol 计划"的目标在于推进降低建筑冷负荷能耗的综合途径及被动制冷技术的发展。1999 年，在德国 Freiburg（弗莱堡）某大学医院里，安装了一套制冷功率为 70kW 的硅胶—水太阳能吸附式空调系统，如图 1-14 所示。该太阳能吸附式空调系统采用 230 m² 的真空管集热器产生热水；夏季热水用于驱动用于吸附式冷水机组，冬季热水用于供暖。夏季真空管集热器的效率约为 32%，系统的制冷系数约为 0.6。系统的总投资约为 353000 欧元，年运行费用约为 12000 欧元。

山东乳山太阳能吸收式空调及供热综合系统性能参数列表　　　　　表 1-2

制冷、供暖功率（kW）		100
空调、供暖面积（m²）		1000
过渡季节生活热水供应量（t/d）		32
集热器采光面积（m²）		540
集热器平均日效率	空调、供热时	35%～40%
	提供生活热水时	51%
吸收式制冷机类型		单效溴化锂—水
冷媒水温度（℃）		8
热媒水温度（℃）		88
性能系数（COP）		约 0.7
夏季制冷系统总效率		＞20%

(a)　　　　　　　　　　　　　　　　(b)

图 1-14　安装于德国 Freiburg 某大学医院的硅胶—水太阳能吸附式空调系统
(a) 真空管太阳能集热器；(b) 吸附式冷水机组

此外，在希腊 Sarantis S. A 地区某化妆品公司也安装了一套制冷功率为 350kW 的太阳能吸附式空调系统，用于 22000m²（130000m³）的房间空调，如图 1-15 所示。该太阳能吸附式空调系统采用 2700m² 的平板集热器产生 70～75℃ 的热水。夏季热水用于驱动制冷功率为 350kW 硅胶—水吸附式冷水机组，冷水机组的制冷系数约为 0.6；冬季热水用于房间供暖。在太阳能吸附式空调系统中，配置了燃油锅炉作为辅助热源。在全年运行中，系统的太阳能保证率约为 66%。太阳能吸附式空调系统的建造成本约为 1300000 欧元，每年可减少 CO_2 的排放量约为 5100t。

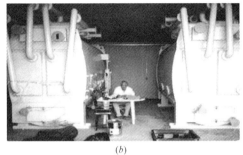

(a)   (b)

图 1-15　安装于希腊 Sarantis S. A 某化妆品公司的硅胶—水太阳能吸附式空调系统

(a) 平板太阳能集热器；(b) 吸附式冷水机组

4. 太阳能热水系统辅助转轮除湿空调

安装在意大利 Palermo[8] 的太阳能热水辅助除湿空调系统主要由 22.5m² 的平板集热器、76.1m² 的遮阳板、热水箱、燃烧器、辅助水冷盘管以及除湿转轮组成，如图 1-16 所示。处理空气首先经过冷却盘管，温度降低。预冷后的处理空气流经蜂窝状的转轮除湿区，空气中的水分在毛细作用下被吸附到干燥剂上。安装在除湿转轮后辅助水冷盘管在蒸发冷却器无法满足制冷需求时，处理额外的冷负荷。房间负荷较小时，太阳能遮阳板可满足相应的显热负荷。当房间负荷较大时，除湿空调机组处理全部的潜热负荷以及部分显热负荷。该系统设计的最大夏季制冷负荷为 28.8kW，热力 COP 为 0.86。

2003 年，德国 Riesa 州[9] 的科研中心建立了一个太阳能热水辅助除湿空调系统，如图 1-17 所示。负荷房间为 330m² 的办公大楼，通风量为 2700m³/h。作为驱动热源的集热系统由 20m² 的平板集热器和 2m² 的蓄热水箱组成。依据室外环境和冷热负荷的变化，系统可转换运行模式，包括加热模式、热回收、自然通风、绝热制冷以及除湿制冷模式。同时，通风量也随着冷负荷的变化而变化。系统运行结果表明：再生温度范围为 50～70℃。系统最大制冷量可达 18kW，制冷循环模式中太阳能保证率为 76%，热力 COP 为 0.6 左右。

图 1-16　安装在意大利 Palermo　　　　图 1-17　安装在德国 Riesa

　　的太阳能除湿空调系统　　　　　　州太阳能除湿空调系统

5. 上海市生态建筑示范项目[10]

上海市建筑科学研究院环境实验楼位于上海市建筑科学研究院莘庄基地内，总建筑面积为 1984m²，建筑占地面积 904m²，建筑层数：地上 3 层，三层屋面设置空调机房。该建筑是集太阳能供热水、地板辐射供暖、空调制冷、自然通风于一体的建筑物复合能量利用系统。如图 1-18 所示。建筑物太阳能复合能量利用系统具体包括四个功能：（1）夏季利用太阳能吸附式空调与上海市建筑科学研究院设计的溶液除湿空调耦合，分别负担一层生态建筑展示厅的显热冷负荷以及潜热冷负荷；（2）冬季利用太阳能地板供暖系统负担一层生态建筑展示厅以及二层大空间办公室的热负荷；（3）在过渡季节，利用太阳能热水强化自然通风；（4）一年四季热水供应。

图 1-18　上海市生态建筑示范楼

本章参考文献

[1]　代彦军，王如竹. 太阳能空调制冷技术最新研究进展. 化工学报，2008，59（z2）：1-8.

[2]　王如竹，代彦军. 太阳能制冷，北京：化学工业出版社，2007

[3]　Dr. Schubert. 德国太阳能空调系统最新实例. 太阳能学报，1998（3）：18

[4]　何梓年. 太阳能吸收式空调及供热综合系统. 太阳能，2000（2）：2-4

[5]　何梓年，朱宁，刘芳，郭淑玲. 太阳能吸收式空调及供热系统的设计和性能. 太阳能学报，2001（1）：6-11

[6]　HeZinian. Development and application of heat pipe evacuated tubular solar collectors in China. Proceeding of ISES Solar World congress 2，Taejon，Korea，1997

[7]　TheClimasol Project. In：http：//www. raee. org/climasol 2005

[8]　Solar Heating and Cooling of Buildings，eco buildings Guidelines 2007. BRITA in PuBs. The 6th Framework Programme of the European Union. http：//www. brita-in-pubs. eu/bit/uk/03viewer/retrofit_measures/pdf/FINAL_11_SolarCooling_Marco_01_4_08b. pdf.

[9]　Henning HM，Erpenbect T，Hiderburg C，Satamaria IS. The potential of solar energy use in desiccant cycles. Int J Refrigeration 2001；24：220-9.

[10]　王如竹，代彦军，吴静怡，等. 太阳能热集成技术在全国首座生态建筑示范楼的应用. 太阳能，2005，1：24-26.

第2章 太阳能集热与供热

2.1 太阳能集热器

在太阳能空调中，集热器将太阳能转化为热能，从而为整个系统提供热量，是太阳能空调系统中的主要部件。本节将介绍适用于太阳能空调的各种集热器。图 2-1 所示是太阳能空调适用集热器的分类，主要有空气集热器，平板集热器，真空管集热器，CPC 集热器和聚光型集热器这几类。其中，平板集热器和空气集热器的工作温度一般在 90℃ 以下，高效平板集热器、真空管集热器和 CPC 集热器能够达到 150℃ 的温度；而聚光型集热器的工作温度最高，可以达到 400℃。

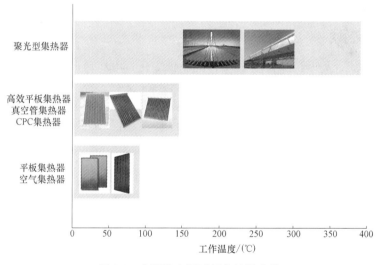

图 2-1　太阳能空调适用集热器分类

2.1.1 平板集热器

平板集热器作为一种非聚光集热器是当今世界上应用最广泛的太阳能集热产品，具有采光面积大、结构简单、工作可靠、成本较低（可同时接收直射辐射和散射辐射）、运行安全、免维护、使用寿命长的特点，但是其热流密度较低、工质温度较低。因此，成为太阳能低温热利用系统中的关键部件。

目前，平板型太阳能集热器被广泛应用于生活用水加热、游泳池加热、工业用水加热、建筑物供暖与空调等诸多领域。在太阳能热水器产品中，平板集热器的性价比是最好的。

国内已经有多处利用太阳集热器加上热泵进行供暖、空调和制冷的示范工程。此外，平板型太阳能集热器还可以用于地下工程除湿，提供工业用热水（如锅炉补水的预热、食品加工业、制革、缫丝、印染、胶卷冲洗等）或者为各种养殖业、种植业提供低温热水[1]。

平板型太阳能集热器通过将太阳辐射能转换为集热器内工质（液体或者空气）的热能，来实现太阳能到热能的转换。所谓"平板型"，是指集热器吸收太阳辐射能的面积与其采光窗口面积相等。下面主要介绍平板集热器的结构、热性能分析和测试方法。

1. 平板集热器的基本结构

图 2-2 所示是平板集热器的结构示意图，主要由透明盖板、吸热板、保温材料和壳体等部分组成。

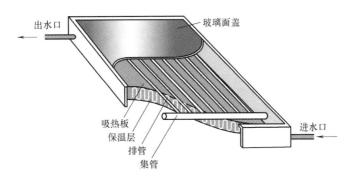

图 2-2　平板太阳能集热器的结构示意图

当平板集热器工作时，太阳辐射穿过透明盖板厚投射在吸热板上，被吸热板吸收并转化成热能，然后将热量传递给吸热板内的传热介质，使传热介质的温度升高，作为集热器的有用能量对外输出；与此同时，温度升高后的吸热板不可避免地要通过传导、对流和辐射的方式向四周环境散热，称为集热器的热量损失。

（1）吸热板

吸热板是平板集热器内吸收太阳辐射能并向传热工质传递热量都部件，它基本上是平板形状。

根据吸热板的功能及工程应用的需求，对吸热板有以下主要技术要求：1）太阳吸收比高，则吸热板可以最大限度地吸收太阳辐射能；2）热传递性能好，则吸热板产生的热量可以最大限度地传递给工质；3）与传热工质的相容性好，吸热板就不会被传热工质腐蚀；4）一定的承压能力，便于将集热器与其他部件链接组成太阳能系统；5）加工工艺简单，便于批量生产及推广应用。

吸热板的材料有很多种类，如铜、铝合金、铜铝复合、不锈钢、镀锌钢、塑料、橡胶等。根据国家标准《平板型太阳能集热器》GB/T 6424—2007，吸热板有管板式、翼管式、扁盒式和蛇管式四种结构形式（见表 2-1）。

平板性集热器常见的结构形式[1]　　　　　　表 2-1

结构形式	结构特点	成型方式	主要材料及特点	图例
管板式	排管与平板连接构成吸热条带	捆扎、铆接、胶粘，锡焊等热碾压吹胀、高频焊接、超声焊接等	铜铝复合太阳条/全铜吸热板	(a)　(b)　(c)

结构形式	结构特点	成型方式	主要材料及特点	图例
翼管式	金属管两侧连有翼片的吸热条带	铝合金模型整体积压拉伸工艺	管壁翼片有较大厚度,动态性差,吸热板有较大热容	(d)
扁盒式	吸热表面本身是压合成载热流体通道	两块金属板模压成型,焊接一体	不锈钢,铝合金,镀锌钢	(e) (f)
蛇管式	形如管板式结构	—	铜焊接工艺,高频焊或超声焊接	—
涓流式	液体传热工质不封闭,在吸热表面流下,用于太阳蒸馏			

为使吸热板最大限度地吸收太阳辐射,在吸热板上应覆盖有深色的涂层,这称为太阳能吸收涂层。可以分为两类:非选择性吸收涂层和选择性吸收涂层。非选择性吸收涂层是指其光学特性与辐射波长无关的吸收涂层;选择性吸收涂层是指其光学特性随辐射波长的不同而显著变化的吸收涂层。

太阳辐射可近似地认为是温度 6000K 的黑体辐射,约 90% 的太阳辐射能集中在 $0.3\sim 2\mu m$ 波长范围内;而太阳能集热器的吸热体一般在 $400\sim 1000K$,其热辐射能主要集中在 $2\sim 30\mu m$ 波长范围内。因此,采用对不同波长范围的辐射具有不同辐射特性的涂层材料,具体地讲就是采用既有高的太阳吸收比又有低的发射率的涂层材料,就可以在保证尽可能多地吸收太阳辐射的同时,又尽量减少吸热板本身的热辐射损失。

一般而言,要达到高的太阳吸收比并不困难,难的是要同时达到低的发射率。对于非选择性吸收涂层来说,随着太阳吸收比的提高,往往发射率也随之升高;例如黑漆,其太阳吸收比可高达 0.95,但发射率也在 0.90 左右,所以属于非选择性吸收涂层。

高温太阳能集热器一般选用选择性表面涂料。低温太阳能集热器为了降低成本,通常可选用非选择性涂料,例如,用黑漆或沥青漆加 1% 炭黑(农村也可用锅底烟灰代替炭黑)制备。

(2)透明盖板

透明盖板是平板集热器中覆盖吸热板,并由透明(或半透明)材料组成的板状部件。其功能主要有:1)透过太阳辐射,使其投射在吸热板上;2)保护吸热板,使其不受灰尘及雨雪的侵蚀;3)形成温室效应,阻止吸热板在温度升高后通过对流和辐射向周围环境散热。

根据透明盖板的上述几项功能,对透明盖板有以下几点技术要求:1)太阳透射比高,则透明盖板可以透过更多的太阳辐射能;2)红外透射比低,则透明盖板可以阻止吸热板在温度升高后的热辐射;3)导热系数小,则透明盖板可以减少集热器内热空气向周围环境的散热;4)冲击强度高,则透明盖板在受到冰雹、碎石等外力撞击下不会破损;5)耐候性能好,则透明盖板经各种气候条件长期侵蚀后性能无明显变化。

用于透明盖板的材料主要有平板玻璃和玻璃钢板(见表 2-2),目前国内外使用较广泛的是平板玻璃。

透明盖板的材料及特点   表 2-2

透明盖板的材料	特　　　点
平板玻璃	红外透射比低,导热系数小,耐候性能好,冲击强度低,易破碎
玻璃钢板	太阳透射比高,导热系数小,冲击强度高,质量轻,加工性能好

对于透明盖板和吸热板之间的距离,国内外文献提出过各种不同的数值,有的还根据平板夹层空气自然对流换热机理提出了最佳间距。但有一点结论是共同的,即透明盖板与吸热板之间的距离应大于 20mm。

（3）隔热层

隔热层的作用是抑制吸热板通过传导向周围环境散热。根据其功能,要求隔热层的导热系数小,不易变形,不易挥发,更不能产生有害气体。用于隔热层的材料有:岩棉、矿棉、聚氨酯、聚苯乙烯等,其性能参数如表 2-3 所示。根据国家标准 GB/T 6424—2007 的规定,隔热层材料的导热系数应不大于 $0.055W/(m \cdot K)$。目前使用较多的是岩棉。隔热层的厚度应根据选用的材料种类、集热器的工作温度、使用地区的气候条件等因素来确定。应当遵循以下原则:材料的导热系数越大,集热器的工作温度越高,使用地区的气温越低,则隔热层的厚度越大。一般来说,底部隔热层的厚度选用 30~50mm,侧面隔热层的厚度与之大致相同。

隔热体保温材料[1]   表 2-3

名称	导热系数[J/(cm·s·K)]	密度(kg/m³)	备注
岩棉	＜0.1675	100~120	—
矿渣棉	＜0.1675	100~150	—
普通玻璃棉	＜0.1884	80~100	—
膨胀蛭石	0.1884~0.2512	80~150	—
珍珠岩泥板	0.2931~0.4605	250~350	—
稻草	0.4605	300	易腐烂
锯末	0.3768	300	易腐烂
聚苯乙烯发泡塑料	＜0.1675	20~30	耐温 70℃

（4）外壳

外壳是集热器中保护及固定吸热板、透明盖板和隔热层的部件。根据外壳的功能,要求外壳有一定的强度和刚度,有较好的密封性及耐腐蚀性,而且有美观的外形。用于外壳的材料有铝合金板、不锈钢板、碳钢板、塑料和玻璃钢等。为了提高外壳的密封性,有的产品已采用铝合金板一次模压成型工艺。

2.平板集热器的热性能分析

（1）基本能量平衡方程

根据能量守恒定律,在稳定状态下,集热器在规定时段内输出的有用能量等于同一时段内入射在集热器上的太阳辐照能量减去集热器对周围环境散失的能量,即

$$Q_U = Q_A - Q_L \qquad (2-1)$$

式中　Q_U——集热器在规定时段内输出的有用能量,W;

　　　Q_A——同一时段内入射在集热器上的太阳辐照能量,W;

Q_L——同一时段内集热器对周围环境散失的能量，W。

式（2-1）是集热器的基本能量平衡方程。

（2）集热器总热损系数

集热器总热损系数定义为：集热器中吸热板与周围环境的平均传热系数。只要集热器的吸热板温度高于环境温度，则集热器所吸收的太阳辐射能量中必定有一部分要散失到周围环境中去。

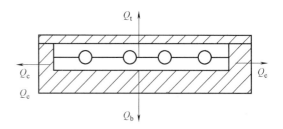

图 2-3　平板集热器散热损失示意图

如图 2-3 所示，平板型集热器的总热损失是由顶部散热损失、底部散热损失和侧面散热损失三部分组成的，即

$$Q_L = Q_t + Q_b + Q_e = A_t U_t(t_p - t_a) + A_b U_b(t_p - t_a) + A_e U_e(t_p - t_a) \quad (2-2)$$

式中　Q_t、Q_b、Q_e——顶部、底部、侧面散热损失，W；

　　　U_t、U_b、U_e——顶部、底部、侧面热损系数，W/(m² · K)；

　　　A_t、A_b、A_e——顶部、底部、侧面面积，m²。

1）顶部热损系数 U_t

集热器的顶部散热损失是由对流和辐射两种换热方式引起的，它包括吸热板与透明盖板之间的对流和辐射换热，以及透明盖板与周围环境的对流和辐射换热。一般来说，顶部散热损失在数量上比底部散热损失、侧面散热损失大得多，是集热器总散热损失的主要部分。顶部热损系数 ZU_t 的计算比较复杂，因为在吸热板温度和环境温度数值都已确定的条件下，透明盖板温度仍然未知，需要通过数学上的迭代法才能计算出来。

为了简化计算，克莱恩（Klein）提出了一个计算 U_t 的经验公式：

$$U_t = \left[\frac{N}{\frac{344}{T_p} \times \left(\frac{T_p - T_a}{N+f}\right)^{0.31}} + \frac{1}{h_w}\right]^{-1} + \frac{\sigma(T_p + T_a) \times (T_p^2 + T_a^2)}{\frac{1}{\varepsilon_p + 0.0425N(1-\varepsilon_p)} + \frac{2N+f-1}{\varepsilon_g} - N} \quad (2-3)$$

在式（2-3）中，

$$f = (1.0 - 0.04h_w + 5.0 \times 10^{-4}h_w^2) \times (1 + 0.058N) \quad (2-4)$$

$$h_w = 5.7 + 3.8v \quad (2-5)$$

式中　N——透明盖板层数；

　　　T_p——吸热板温度，K；

　　　T_a——环境温度，K；

　　　ε_p——吸热板的发射率；

　　　ε_g——透明盖板的发射率；

　　　h_w——环境空气与透明盖板的对流换热系数，W/(m² · K)；

　　　v——环境风速，m/s。

对于 40～130℃ 的吸热板温度范围，采用克莱恩（Klein）公式的计算结果与采用迭代法的计算结果非常接近，两者偏差在 0.2 W/(m² · K) 之内。

2）底部热损系数 U_b

集热器的底部散热损失是通过底部隔热层和外壳以热传导方式向环境空气散失的，一

般可作为一维热传导处理，有

$$Q_b = A_b \frac{\lambda}{\delta}(t_p - t_a) \tag{2-6}$$

将式（2-2）和式（2-6）进行对照，可得底部热损系数 U_b 的计算公式：

$$U_b = \frac{\lambda}{\delta} \tag{2-7}$$

式中　λ——隔热层材料的导热系数，$W/(m \cdot K)$；

　　　δ——隔热层的厚度，m。

由式（2-7）可见，如果底部隔热层的厚度为 0.03～0.05m，底部隔热层材料的导热系数为 0.03～0.05 $W/(m \cdot K)$，那么底部热损系数 U_b 的范围为 0.6～1.6 $W/(m^2 \cdot K)$。

3）侧面热损系数 U_e

集热器的侧面散热损失是通过侧面隔热层和外壳以热传导方式向环境空气散失的。侧面热损失系数 U_e 的计算公式也可表达为：

$$U_e = \frac{\lambda}{\delta} \tag{2-8}$$

如果侧面隔热层的厚度及隔热层材料的导热系数与底部相同，那么侧面热损系数 U_e 的数值范围也与底部相同。然而，由于侧面的面积远小于底部的面积，所以侧面散热损失远小于底部散热损失。

（3）集热器效率方程

在式（2-1）中，Q_A 和 Q_L 的表达式分别为：

$$Q_A = AG(\tau\alpha)_e \tag{2-9}$$

$$Q_L = AU_L(t_p - t_a) \tag{2-10}$$

式中　A——集热器面积，m^2；

　　　G——太阳辐照度，W/m^2；

　$(\tau\alpha)_e$——透明盖板透射比与吸热板吸收比的有效乘积，无因次；

　　　U_L——集热器总热损系数，$W/(m^2 \cdot K)$；

　　　t_p——吸热板温度，℃；

　　　t_a——环境温度，℃。

将式（2-9）和式（2-10）带入式（2-1），可得到：

$$Q_U = AG(\tau\alpha)_e - AU_L(t_p - t_a) \tag{2-11}$$

集热器效率的定义为：在稳态（或准稳态）条件下，集热器传热介质在规定时段内输出的能量与规定的集热器面积和同一时段内入射在集热器上的太阳辐照量的乘积之比。即

$$\eta = \frac{Q_U}{AG} \tag{2-12}$$

式中　η——集热器效率，无因次。

将式（2-12）带入式（2-11），整理后得到：

$$\eta = (\tau\alpha)_e - U_L \frac{t_p - t_a}{G} \tag{2-13}$$

1）集热器效率因子 F'

由于吸热板温度不容易测定，而集热器进口温度和出口温度比较容易测定，所以集热

器效率方程也可以用集热器平均温度 $t_m = (t_i + t_o)/2$ 来表示：

$$\eta = F'\left[(\tau\alpha)_e - U_L \frac{t_m - t_a}{G}\right] = F'(\tau\alpha)_e - F'U_L \frac{t_m - t_a}{G} \tag{2-14}$$

式中　F'——集热器效率因子，无因次；

　　　t_m——集热器平均温度，℃；

　　　t_i——集热器进口温度，℃；

　　　t_o——集热器出口温度，℃。

集热器效率因子 F' 的物理意义是：集热器实际获得的有用能和集热器吸热面处于进出口流体平均温度时所获得的有用能之比。集热器效率因子 F' 是一个与集热器换热结构有关的物理量。

以管板式集热器为例，吸热板的翅片结构如图 2-4 所示。

经推导，管板式集热器效率因子 F' 的表达式为：

$$F' = \frac{1}{W\left[\dfrac{1}{D(W-D)F} + \dfrac{U_L}{C_b} + \dfrac{U_L}{\pi D_i h_{f,i}}\right]} \tag{2-15}$$

式中　W——排管的中心距，m；

　　　D——排管的外径，m；

　　　D_i——排管的内径，m；

　　　U_L——集热器总热损系数，W/($m^2 \cdot K$)；

　　　$h_{f,i}$——传热介质与管壁的换热系数，W/($m^2 \cdot K$)；

　　　F——翅片效率，无因次；

　　　C_b——结合热阻，W/($m \cdot K$)。

在式（2-15）中，

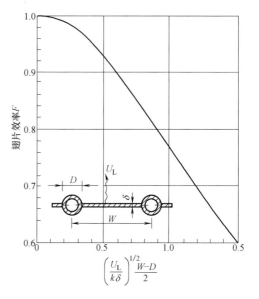

图 2-4　管板式集热器的翅片结构以及翅片效率曲线

$$F = \frac{\tanh[m(W-D)/2]}{m(W-D)/2} \tag{2-16}$$

$$m = \sqrt{\frac{U_L}{\lambda\delta}} \tag{2-17}$$

$$C_b = \frac{\lambda_b b}{\gamma} \tag{2-18}$$

式中　λ——翅片的导热系数，W/($m \cdot K$)；

　　　δ——翅片厚度，m；

　　　λ_b——结合处的导热系数，W/($m \cdot K$)；

　　　γ——结合处的平均厚度，m；

　　　b——结合处的宽度，m；

　　$\tanh$——双曲正切函数。

由式（2-15）可见，集热器效率因子 F' 是与翅片效率 F、管板结合工艺 C_b、管内传

热介质换热系数 $h_{f,i}$、吸热板结构尺寸 W、D、D_i 等有关的参数。

由式（2-16）和式（2-17）可见，翅片效率 F 是跟翅片的厚度、排管的中心距、排管的外径、材料的导热系数、集热器的总热损系数等有关的参数，它表示出翅片向排管传导热量的能力。如图 2-5 所示，随着材料导热系数 λ 增大，翅片厚度 δ 增大，排管中心距 W 减小，则翅片效率 F 增大，但 F 增大到一定值之后，便增加非常缓慢。因此，从技术经济指标综合考虑，应当在翅片效率曲线的转折点附近选取 F 所对应的上述各项参数。

为了对不同结构形式的集热器寻求提高 F' 的途径，除了式（2-15）所示的管板式集热器效率因子的表达式外，下面再给出其他几种集热器效率因子的表达式。

翼管式集热器：

$$F' = \frac{1}{W\left[\dfrac{1}{D+(W-D)F}+\dfrac{U_L}{\pi D_i h_{f,i}}\right]} \tag{2-19}$$

扁盒式集热器：

$$F' = \frac{1}{1+\dfrac{U_L}{h_{f,i}}} \tag{2-20}$$

多管式集热器：

$$F' = \frac{1}{1+\dfrac{DU_L}{\pi D_i h_{f,i}}} \tag{2-21}$$

2）集热器热转移因子 F_R

虽然集热器进出口传热流体的平均温度能够测量，但是集热器出口流体温度随着太阳辐射的变化而不断变化，在实际测试中难于控制，因此可以用集热器进口传热流体的温度 T_i 来代替集热器吸热面温度 T_P，于是便得到热迁移因子 F_R：

$$\eta = F_R\left[(\tau\alpha)_e - U_L\frac{t_i-t_a}{G}\right] = F_R(\tau\alpha)_e - F_R U_L\frac{t_i-t_a}{G} \tag{2-22}$$

式中 F_R——集热器热迁移因子。

集热器热迁移因子 F_R 的物理意义是：集热器实际获得的有用能和集热器吸热面处于进口流体温度时所获得的有用能之比。集热器热迁移因子是综合反映集热器吸热面的传热性能和流体对流换热对集热器热性能影响的无量纲参数。通常集热器效率因子表示传热流体和太阳能吸收器之间传热性能的优劣，而集热器热迁移因子则表示将太阳能集热器视为换热器的性能优劣，即集热器实际的换热量和可能的最大换热量之比。

集热器热迁移因子 F_R 与集热器效率因子 F' 之间有一定的关系：

$$F_R = F'F'' \tag{2-23}$$

式中 F''——集热器流动因子。

由于 $F''<1$，所以 $F_R<F'<1$。

式（2-13）、式（2-14）、式（2-22）称为集热器效率方程，或称为集热器瞬时效率方程。

（4）集热器效率曲线

将集热器效率方程在直角坐标系中以图形表示，得到的曲线称为集热器效率曲线，或称为集热器瞬时效率曲线。在直角坐标系中，纵坐标 y 轴表示集热器效率 η，横坐标 x 轴表示集热器工作温度（或吸热板温度，或集热器平均温度，或集热器进口温度），和环境温度的差值与太阳辐照度之比，有时也称为归一化温差，用 T^* 表示。所以，集热器效率曲线实际上就是集热器效率 η 与归一化温差 T^* 的关系曲线。若假定 U_L 为常数，则集热器效率曲线为一条直线。

上述三种形式的集热器效率方程，可得到三种形式的集热器效率曲线，如图 2-5 所示。

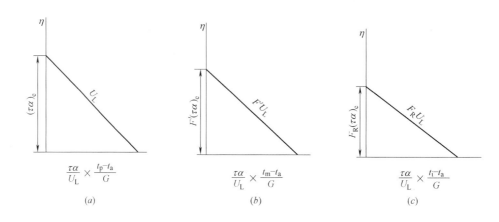

图 2-5　三种形式的集热器效率曲线

从图 2-5 可以得出如下几点规律：

1）集热器效率不是常数而是变数

集热器效率与集热器工作温度、环境温度和太阳辐照度都有关系。集热器工作温度越低或者环境温度越高，则集热器效率越高；反之，集热器工作温度越高或者环境温度越低，则集热器效率越低。因此，同一台集热器在夏天具有较高的效率，而在冬天具有较低的效率；而且，在满足使用要求的前提下，应尽量降低集热器工作温度，以获得较高的效率。

2）效率曲线在 y 轴上的截距值表示集热器可获得的最大效率

当归一化温差为零时，集热器的散热损失为零，此时集热器达到最大效率，也可称为零损失集热器效率，常用 η_0 表示。在这种情况下，效率曲线与 y 轴相交，η_0 就代表效率曲线在 y 轴上的截距值。在图 2-5 (a)、(b)、(c) 中，η_0 值分别为 $(\tau\alpha)_e$、$F'(\tau\alpha)_e$、$F_R(\tau\alpha)_e$。由于 $1>F'>F_R$，故 $(\tau\alpha)_e>F'(\tau\alpha)_e>F_R(\tau\alpha)_e$。

3）效率曲线的斜率值表示集热器总热损失系数的大小

效率曲线的斜率值是与集热器总热损系数直接相关的。斜率值越大，即效率曲线越陡峭，则集热器总热损系数就越大；反之，斜率值越小，即斜率曲线越平坦，则集热器总热损系数就越小。在图 2-5 (a)、(b)、(c) 中，效率曲线的斜率值分别为 U_L、$F'U_L$、F_RU_L。同样由于 $1>F'>F_R$，故 $U_L>F'U_L>F_RU_L$。

4）效率曲线在 x 轴上的交点值表示集热器可达到的最高温度

当集热器的散热损失达到最大时，集热器效率为零，此时集热器达到最高温度，也称为滞止温度或闷晒温度。用 $\eta=0$ 代入式（2-13）、式（2-14）、式（2-22）后，发现有：

$$\frac{t_p - t_a}{G} = \frac{t_m - t_a}{G} = \frac{t_i - t_a}{G} = \frac{(\tau\alpha)_e}{U_L} \tag{2-24}$$

这说明，此时的吸热板温度、集热器平均温度、集热器进口温度都相同。在图 2-5 （a）、（b）、（c）中，三条效率曲线在 x 轴上有相同的交点值。

3. 平板集热器的热性能测试

集热器的热性能试验项目包括：瞬时效率曲线、入射角修正系数、时间常数、有效热容量、压力降等。其中瞬时效率曲线是最主要的，我们也主要针对它进行描述。

评价一台平板型集热器性能的好坏，涉及的指标很多，但是其中最重要的一个指标就是集热器的热效率。目前广泛应用性能测试实验来获得集热器的热效率，集热器的性能试验有两种基本方法：瞬时法和量热法。

瞬时法要求在稳态或准稳态工况下，同时测量流过集热器的集热介质的流量 G （kg/s），集热器进出口集热介质温差 ΔT （℃），以及集热器平面上的太阳辐射强度 I （W/m²），然后按下列公式计算集热器的有用功率 Q 和瞬时效率 η：

$$Q = GC_f \Delta T = GC_f (T_{t,o} - T_{t,i}) \tag{2-25}$$

$$\eta = \frac{GC_f \Delta T}{AI} = \frac{GC_f (T_{t,o} - T_{t,i})}{AI} \tag{2-26}$$

式中　C_f——传热工质的比容，J/(kg·℃)；

　　　$T_{t,o}$——集热器中的集热工质出口温度，℃；

　　　$T_{t,i}$——集热器中的集热工质进口温度，℃；

　　　A——集热器的面积，W/m²；此参数的选择与集热器效率有直接的关系，所以在计算集热器效率之前，必须先确定计算哪一种面积为参考，即：吸热体面积 A_A、采光面积 A_a、总面积 A_G 中的哪一个，然后即可计算出相应面积为参考的集热器效率：

$$\eta_A = \frac{GC_f \Delta T}{A_A I} = \frac{GC_f (T_{t,o} - T_{t,i})}{A_A I} \tag{2-27}$$

$$\eta_a = \frac{GC_f \Delta T}{A_a I} = \frac{GC_f (T_{t,o} - T_{t,i})}{A_a I} \tag{2-28}$$

$$\eta_G = \frac{GC_f \Delta T}{A_G I} = \frac{GC_f (T_{t,o} - T_{t,i})}{A_G I} \tag{2-29}$$

式中　η_A——以吸热体面积为参考的集热器效率；

　　　η_a——以采光面积为参考的集热器效率；

　　　η_G——以总面积为参考的集热器效率。

量热法是采用一种闭路系统，回路中有一个绝热良好的贮液容器，即量热器。通常每平方米的集热面积配以大约 45L 的贮液容积。在用这种方法进行集热器的测量试验时，需要测量系统中总流体容量 M （kg）的温度变化率 $\frac{dT_f}{d\tau}$，然后由下列关系式计算效率。

$$\eta = \frac{Mc_f \dfrac{dT_f}{d\tau}}{AI} \tag{2-30}$$

同样，参数 A 选取吸热体面积 A_A、采光面积 A_a、总面积 A_G 中一个进行计算。

以上两种方法各有其优、缺点。瞬时法只要对集热器本身分别准测地测定 G、ΔT 以

及 I。而量热法，则除了要测定 $\dfrac{\mathrm{d}T_f}{\mathrm{d}\tau}$ 以及 I 外，还要事先对量热器的热容量、热损失及其内部温度梯度等做仔细分析，所以量热法要比瞬时法麻烦一些。瞬时法适用于测定集热器的瞬时效率，而量热法则更适宜于测定集热器的日平均效率。由于气体的比热太小，因此量热法不能用于测定空气集热器的性能。目前，普遍采用瞬时法来测定和评价平板集热器的各种性能。

2.1.2 真空管集热器

为了减小集热器的传导换热损失、对流换热损失和辐射换热损失，很早就有人提出将吸热体与透明盖层之间抽真空的"真空管集热器"。但这样做有两个困难：透明盖板很难承受因内部真空而造成外部空气巨大的压力，对于一台 $2\mathrm{m}^2$ 的平板集热器，在透明盖板上将有 $200\mathrm{kg}$ 左右的外力，普通平板玻璃难以承受；方盒形状的集热器很难抽成并保持真空，因为在透明盖板和外壳之间有很多长的连接处，这些连接处很难达到气密性要求。

从受力情况和密封工艺这两个角度出发，将太阳集热器的基本单元做成圆管形状是非常科学的，也是完全可以实现的，这就是目前所说的真空管集热器。一台真空管集热器通常由若干只真空集热管组成，真空集热管的外壳是玻璃圆管，吸热体可以是圆管状、平板状或其他形状，吸热体放置在玻璃圆管内，吸热体与玻璃圆管之间抽成真空。

由于每台真空管集热器是由若干只真空集热管组成的，因而真空管集热器的分类，实际上主要是真空集热管的分类。按吸热体的材料种类，真空管集热器可分为两大类：

（1）全玻璃真空管集热器。吸热体由内玻璃管组成的真空管集热器。

（2）金属吸热体真空管集热器。吸热体由金属材料组成的真空管集热器，有时也称为金属—玻璃真空管集热器，其中最具代表性的是热管式真空管集热器。

1. 全玻璃真空管集热器

（1）全玻璃真空集热管的基本结构

全玻璃真空管集热器的结构包括内、外玻璃管，选择性吸收涂层，弹簧支架，消气剂等，外形像一只细长的暖水瓶胆，如图 2-6 所示。全玻璃真空集热管采用一端开口，将内玻璃管和外玻璃管的一端管口进行环状熔封；另一端密封成半球形的圆头，内玻璃管采用弹簧支架支撑，而且可以自由伸缩，以缓冲热胀冷缩引起的应力；内外玻璃管的夹层抽成高真空。内玻璃管的外表面涂有选择性涂层。弹簧支架上装有消气剂，它在蒸散以后用于吸收真空集热管运行时产生的气体，保持管内高真空度。

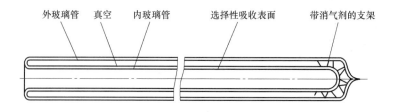

图 2-6 全玻璃真空管集热器的基本结构

1）玻璃

硼硅玻璃 3.3 是制造内外玻璃的主要材料，其热膨胀系数为 $3.3\times10^{-6}/℃$，玻璃中

Fe_2O_3 含量在 0.1% 以下，耐热温差大于 200℃，机械强度高。

2）真空度

确保全玻璃真空集热管的真空度是提高产品质量、延长使用寿命的重要指标。管内气体压强越低，说明其真空度越高。应在真空管中的放置一片钡—钛消气剂，将它蒸散在抽真空封口一端的外玻璃管内表面上，能在真空集热管运行时吸收集热管内释放的微量气体，以保持管内的真空度。一旦银色镜面消失，说明真空集热管的真空度已受到破坏。

3）选择性吸收涂层

选择性吸收涂层具有较高的太阳能吸收比、低的发射率，可极大限度地吸收太阳辐射能，抑制吸收体的辐射热损失。此外还具有良好的真空性能、耐热性能、光学性能。采用真空磁控溅射工艺，可以将铝—氮/铝或不锈钢—碳/铝选择性吸收涂层镀在玻璃管外表面上，真空套管的玻璃内管可以有效地吸收太阳能，由于高真空的缘故，玻璃内管的热损很小。

（2）全玻璃真空管的技术要求

根据国家标准《全玻璃真空太阳集热管》GB/T 17049—2005 的规定，对全玻璃真空管集热器的主要技术要求如下：

1）材料应采用硼硅 3.3，太阳透射比 $\tau \geqslant 0.89$；

2）选择性吸收涂层太阳吸收比 $\alpha \geqslant 0.86$（AM1.5），半球发射率 $\varepsilon_h \leqslant 0.080$（80℃±5℃）；

3）空晒性能参数 $Y \geqslant 190 m^2 \cdot ℃/kW$（太阳辐照度 $G \geqslant 800 W/m^2$，环境温度 t_a 为 8～30℃）；

4）闷晒太阳曝辐量 $H \leqslant 3.7 MJ/m^2$（罩玻璃管外径为 47mm，太阳辐照度 $G_0 \geqslant 800 W/m^2$，环境温度 t_a 为 8～30℃）；闷晒太阳曝辐量 $H \leqslant 4.7 MJ/m^2$（罩玻璃管外径为 58mm，太阳辐照度 $G_0 \geqslant 800 W/m^2$，环境温度 t_a 为 8～30℃）；

5）平均热损系数 $U_{LT} \leqslant 0.85 W/(m^2 \cdot ℃)$；

6）真空夹层内的气体压强 $p \leqslant 5 \times 10^{-2} Pa$；

7）耐热冲击性能可以承受不高于 0℃ 的冰水混合物与不低于 90℃ 热水交替反复冲击三遍无损坏；

8）耐压性能，可以承受 0.6MPa 的压力；

9）抗机械冲击性能，可承受直径为 30mm 的钢球，于 450mm 高度处自由落下，垂直撞击集热管中部而无损坏。

2. 金属吸热体真空管集热器

金属吸热体真空管集热器是国际上新发展起来的新一代真空管集热器。前面介绍的热管式真空集热器就是其中的一种。尽管金属吸热体真空管集热器有各种不同的形式，但它们有一个共同特点：吸热体都采用金属材料，而且真空管热管之间也都用金属件连接。

（1）工作温度高。最高运行温度超过 100℃，有的甚至可高达 300～400℃，使之成为太阳能中、高温利用必不可少的集热部件。

（2）承压能力大。所有真空管及其系统都能承受来自来水或者循环泵的压力，多数集热器还可以用于产生 106Pa 以上的热水甚至高压蒸汽。

（3）耐热冲击性能好。所有真空集热管及系统都能承受急剧的冷热变化，即使用户偶然误操作对空晒的集热器系统突然注入冷水，真空管也不会因此而炸裂。

正是由于金属吸热体真空集热管具有其他真空管无可比拟的诸多优点，世界各国科学家和工程师已竞相研制出各种形式的真空集热管，以满足不同场合的需求，扩大了太阳能的应用范围，成为当今世界真空管集热器发展的重要方向。

下面简要介绍几种金属吸热体真空管集热器，包括真空集热管的结构特点以及真空集热器的性能特点。这些金属吸热体真空管集热器有：热管式、同心套管式、U形管式、储热式、内聚光式、直通式等。

（1）热管式真空集热管

热管式真空管集热管由热管、金属吸热板、玻璃管、金属封盖、弹簧支架、蒸散型消气剂和非蒸散型消气剂等部分组成，其中热管又可以分为蒸发段和冷凝段两部分，如图2-7所示。

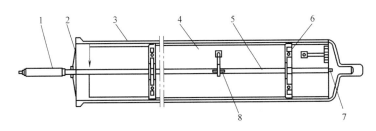

图 2-7　热管式真空集热管结构示意图

1—热管冷凝段；2—金属封接；3—玻璃管；4—金属吸热板；5—热管蒸发段；
6—弹簧支架；7—蒸散型消气剂；8—非蒸散型消气剂

在热管式真空集热管工作时，太阳辐射穿过玻璃管后投射在金属吸热板上。吸热板吸收太阳辐射能并将其转化为热能，再传导给紧密结合在吸热板中间的热管，使热管蒸发段内的工质迅速汽化。工质蒸汽上升到热管冷凝段后，在较冷的表面上凝结，并释放出蒸发潜热，将热量传递给集热器的传热工质。凝结后的液态工质依靠其自身重力流回到蒸发段，如此循环往复。

热管式真空管除了具有工作温度高、承压能力大和耐热冲击性能好等金属吸热体真空管共同的优点外，还有其显著的特点：

1）耐冰冻。热管由特殊的材料和工艺保证，即使在冬季长时间无晴天及夜间的严寒条件下，真空管也不会冻裂。

2）启动快。热管的热容量很小，受热后立即启动，因而在瞬变的太阳辐射条件下能提高集热器的输出能量，而且在多云间晴的低日照天气也能将水加热。

3）保温好。热管具有单向传热的特点，即白天由太阳能转换的热量可沿热管向上传输去加热水，而夜间被加热水的热量不会沿热管向下散发到周围环境，这一特性称为热管的"热二极管效应"。

（2）同心套管式真空管集热器

同心套管式真空管集热管（或称直流式真空管集热器）主要由同心套管、吸热板、玻璃管等几部分组成，如图2-8所示。所谓同心套管，就是两根内外相套的金属管，它们位于吸热板的轴线上，与吸热板紧密连接。工作时，太阳光穿过玻璃管，投射在吸热板上；

吸热板吸收太阳辐射并将其转化为热能；传热介质（通常是水）从内管进入真空管，被吸热板加热后，热水通过外管流出。

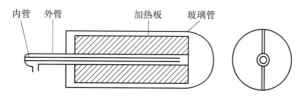

内管　外管　　　　加热板　　玻璃管

图 2-8　同心套管式真空管集热管示意图

这种真空管集热器的主要特点是：

1）热效率高：传热介质进入真空管，被吸热板直接加热，减少了中间环节的传导热损。

2）可水平安装：在有些场合下，可将真空管水平安装在屋顶上，通过转动真空管而将吸热板与水平方向的夹角调整到所需要的数值，这样既可简化集热器支架，又可避免集热器影响建筑外观。

目前，德国 Prinz 公司和北京桑达公司都生产直流式真空集热管，两家都采用玻璃—金属热压封技术，不过 Prinz 采用电镀黑铬涂层，而桑达采用磁控溅射铝二氮二氧涂层。另外，桑达真空管与集管之间的连接比较简单、可靠。

（3）U 形管式真空管集热器

U 形管式真空管集热管主要由 U 形管、吸热板、玻璃管等几部分组成，如图 2-9 所示。国外有文献将同心套管式真空管和 U 形管式真空管统称为直流式真空管，因为两者的基本结构和工作原理几乎一样，只是前者的冷、热水从内、外管进出，而后者的冷、热水从连接成 U 字形的两根平行管进出。

其主要特点如下：

1）热效率高：由于传热介质进入真空管后，被吸热板直接加热，减少了中间环节的传导热损，因而可更大限度地利用太阳辐射能。

2）可水平安装：可将真空管东西向水平安装在建筑物的屋顶上或南立面上，这样即可简化集热器的安装支架，又可避免集热器影响建筑外观。

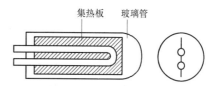

集热板　　玻璃管

图 2-9　U 形管式真空管集热管示意图

3）安装简单：真空管与集管之间的连接臂同心套管式真空管简单。

美国 Corning 公司及日本 NEG 公司、Hitachi 公司都生产 U 形管式真空管，虽然它们的几何尺寸和所用材料各有不同，但基本结构大同小异。我国也有很多厂商生产了此类产品。

（4）储热式真空管集热器

储热式真空管集热管主要由吸热管、玻璃管和内插管等部件组成，如图 2-10 所示。吸热管内贮存水，外表面有选择性吸收涂层。白天，太阳辐射能被吸热管转换成热能后，直接用于加热管内的水；使用时，冷水通过内插管渐渐注入，并将热水从吸热管顶出；夜间，由于有真空隔热，吸热管内的热水温降很慢。

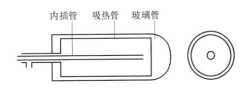

图 2-10 储热式真空管集热管示意图

储热式真空集热管组成的系统有以下主要特点：

1）不需要贮水箱：真空管本身既是集热器又是贮水箱，因而贮热式真空管组成的热水器也可称为真空闷晒式热水器，不需要附加的贮水箱。

2）使用方便：打开自来水龙头后，热水可立即放出，所以特别适合于家用热水器。

日本 NEG 公司生产的储热式真空管，将 4 根真空管和 1 根集热管组装成热水器的基本单元，用户可根据所需要的热水容量将几个单元连接在一起。NEG 产品的吸热管材料早期使用铜，后来改为不锈钢。北京桑达公司现在也在生产储热式真空管，吸热体材料采用不锈钢，每个热水器的基本单元也由 4 根真空管和 1 根集管预先组装而成，容水量为 50L。

（5）内聚光真空管集热器

内聚光真空集热管主要由吸热体、复合抛物聚光镜、玻璃管等几部分组成，如图2-11所示。复合抛物聚光镜亦可简称为 CPC。由于 CPC 防止在真空管的内部，故称为内聚光真空管。

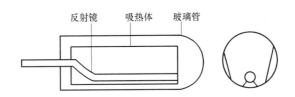

图 2-11 内聚光式真空管集热管示意图

吸热体通常是热管，也可以是同心套管（或 U 形管），其表面有中温选择性吸收涂层。平行的太阳光无论从什么方向穿过玻璃管，都会被 CPC 反射到位于焦线处的吸热体上，然后仍按热管式真空管或同心套管式真空管或直流式真空管的原理运行。

内聚光式真空管的主要特点是：

1）运行温度较高：由于 CPC 的聚光比大于 1，所以内聚光真空管的运行温度可达100～150℃；

2）不需要跟踪系统：这是由 CPC 的光学特征所决定的，因而避免了复杂的自动跟踪系统。

（6）直通式真空管集热器

直通式真空集热管主要由吸热管和玻璃管两部分组成，如图 2-12 所示。吸热管表面有高温选择性吸收涂层。传热介质由吸热管的一端流入，经太阳辐射能加热后，从另一端流出，故称为直通式。由于金属吸热管和玻璃管之间的两端都需要封接，因而必须借助于波纹管过渡，以补偿金属吸热管的热胀冷缩。

直通式真空管的主要特点是：

1）运行温度高：由于抛物柱面聚光镜的开口可以做得很大，使集热器的聚光比很高，所以直通式真空管集热器的运行温度可高达 300～400℃。

2）比较易于组装：由于传热介质从真空管的两端进出，因而便于将直通式真空管串联连接。

世界上最著名的直通式真空管制造者是以色列 Luz 公司，后来该生产线被比利时 Solel 公司购得。真空管历经几代发展，目前每根真空管长 4m。将 24 根真空管串联在一起，与孔径为 5.176m 的抛物柱面反射镜组成总长为 96m 的聚焦型集热器，聚光比 82，单轴跟踪阳光，工作温度高达 391℃，可用于太阳能热发电。

3. 全玻璃真空管集热器热性能分析

（1）集热器的能量平衡方程

与平板太阳能集热器相同，根据能量平衡原理，同样可以写出真空集热管的能量平衡方程。取单根真空集热管，如图 2-13 所示。

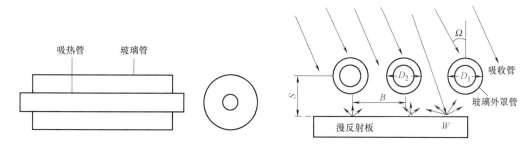

图 2-12　直通式真空管集热管示意图　　　图 2-13　全玻璃真空管集热器横断面图

假设投射到集热管上的太阳辐照能量为 Q_A，透过外玻璃管壁，被管壁吸收和反射部分能量，剩下大部分将透过内外管壁之间的真空夹层，到达内玻璃管壁外表面的涂层，大部分被涂层所吸收，小部分向外玻璃管内壁反射。涂层吸收太阳辐射能后，加热内玻璃管壁，使玻璃管壁温度升高，热量经热传导传递给储于内玻璃管内的冷流体，通过管壁与流体之间的自然对流换热，被流体所吸收，称为有用能量收益 Q_U。两管之间的夹层为高真空，因此只存在辐射换热，构成外玻璃管壁向环境产生的热损失 Q_L。根据能量守恒定律，在稳定工况下，真空集热管的能量平衡方程为：

$$Q_A = Q_U + Q_L \tag{2-31}$$

式中　Q_A——投射在集热管上的太阳辐照能量，W；

　　　Q_U——同一时段内集热管输出的有用能量，W；

　　　Q_L——同一时段内集热管对周围环境散失的能量，W。

（2）投射到集热管上的总太阳辐射能

由图 2-13 分析可知，投射到集热管上的总太阳辐照度 I_{eff}，包括以下四个部分。

1）集热器正面照射到集热管的直射辐射量 $I_{D,1}$

$$I_{D,1} = I_{D,N} \cos i_t \, g(\Omega)(\tau a)_{i1} \tag{2-32}$$

式中　$I_{D,N}$——法线直射辐射量，W/m²；

　　　i_t——直射阳光对集热管的入射角，即阳光直射线在集热管横断面上的投影与阳光直射线之间的夹角。

集热管南北放置时 $\cos i_t$ 为：

$$\cos i_t = \{1 - [\sin(\theta - \varphi)\cos\delta\cos\omega + \cos(\theta - \varphi)\sin\delta]^2\}^{\frac{1}{2}} \tag{2-33}$$

式中　θ——集热器漫反射板与水平面的夹角；

φ、δ、ω——分别表示纬度、赤纬和时角；

集热管东西放置时：

$$\sin i_t = |\cos\delta\sin\omega| \tag{2-34}$$

式中　$g(\Omega)$——遮挡系数，当投影入射角 Ω（即阳光射线在集热管横断面上的投影与集热器板法线的夹角，见图 2-13）大于临近入射角 Ω_0 时，开始发生遮挡。

Ω_0 的计算式如下：

$$|\Omega_0| = \cos^{-1}\left[\frac{(D + D_1)}{2B}\right] \tag{2-35}$$

式中　D_1——集热管玻璃外罩管外径，mm。

集热管南北向放置时 Ω 为：

$$\Omega = \cos^{-1}\left(\frac{\cos i_e}{\cos i_t}\right) \tag{2-36}$$

式中　i_e——直射阳光对集热器板的入射角。

集热管东西向放置时 Ω 为：

$$\Omega = \left|\cos^{-1}\left(\frac{\sin h}{\cos i_t}\right) - \theta\right| \tag{2-37}$$

式中　h——太阳高度角；

当 $|\Omega| \leqslant |\Omega_0|$ 时，

$$g(\Omega) = 1 \tag{2-38}$$

当 $|\Omega| > |\Omega_0|$ 时，

$$g(\Omega) = \frac{B}{D}\cos\Omega + \frac{1}{2}\left(1 - \frac{D_1}{D}\right) \tag{2-39}$$

$(\tau\alpha)_{i_t}$——集热管的入射角为 i_t 时，集热管的 $\tau\alpha$ 值。计算 $(\tau\alpha)_{i_t}$ 时取集热管玻璃平面的法向透射系数 $\tau_n = 0.92$，吸收管法向吸收系数 $\alpha_n = 0.86$。

2）集热器正面的直射辐射穿过管间隙照在漫反射板上，再反射到集热管上的辐射量 $I_{D,2}$。

$$I_{D,2} = I_{D,N}\cos i_t \rho_s \Delta \frac{W}{D}(\tau\alpha)_{60°} \tag{2-40}$$

式中　ρ_s——漫反射板的反射系数（例 $\rho_s = 0.85$）

W——直射阳光通过集热管间隙照在漫反射板上的光带宽度，$W = B - \dfrac{D_1}{\cos\Omega}$；　(2-41)

Δ——光带对集热管的形状系数，当 $B = 2D_1$ 时，Δ 为 0.6～0.7；

$(\tau\alpha)_{60°}$——也就是将散射辐射的平均入射角取为 60°时的 $\tau\alpha$ 数值。

3）集热管直接拦截的散射辐射 $I_{d,1}$。

$$I_{d,1} = \pi F_{TS} I_{d\theta} \rho \overline{F} (\tau\alpha)_{60°} \tag{2-42}$$

式中 $\overline{F}$——散射光带对集热管的形状系数，当 $B=2D_1$ 时，$\overline{F} \cong 0.34$。

4）集热器正面来的散射辐射穿过集热管间隙，照在反射板上又反射到集热管的辐射量 $I_{d,2}$。

$$I_{d,2} = \pi F_{TS} I_{d\theta} \rho_s \overline{F} (\tau\alpha)_{60°} \tag{2-43}$$

式中 $\overline{F}$——散射光带对集热管的形状系数，当 $B=2D_1$ 时，$\overline{F} \cong 0.34$。

这样，投射到集热管上的总太阳辐照度 I_{eff} 为以上四部分太阳辐照度之和，则，

$$I_{eff} = I_{D,N} \cos i_t g(\Omega)(\tau a)_{it} + \left[I_{DN} \cos i_t \rho_s \Delta \frac{W}{D} (\tau a)_{60°} + \pi F_{TS} I_{d\theta} (1+\rho_s \overline{F}) \right] (\tau a)_{60°} \tag{2-44}$$

所以，投射到单根集热管上的总太阳辐照能量 Q_A 为：

$$Q_A = I_{eff} DL \tag{2-45}$$

式中 L——集热管长度，m。

真空管集热器的效率为：

$$\eta = \frac{DF_R}{B(I_{d\theta} + I_{D\theta})} \left[I_{eff} - \pi U_L (T_{f,i} - T_a) \right] \tag{2-46}$$

式中 D——吸收管外径，mm；

B——集热管中心线间距（$B=2D_1$），mm；

$I_{d\theta}$——集热器板单位面积的直射辐射量，W/m²；

$I_{D\theta}$——集热器板单位面积的散射辐射量，W/m²；

F_R——集热器热转移因子；

I_{eff}——集热管吸收的热量，W/m²；

U_L——集热器总热损系数，W/(m²·℃)；

$T_{f,i}$——集热器流体进口温度，℃；

T_a——环境空气温度，℃。

（3）集热器的热损失分析

1）内外管之间的辐射换热量

由于真空集热管的内外管之间为高真空，因此它们之间只存在辐射热交换。假定内、外管表面均为灰体表面，则根据辐射换热原理，其净辐射换热量为：

$$Q_{1-2} = \frac{A_1(T_1^4 - T_2^4)}{\dfrac{1}{\varepsilon_1} + \dfrac{1}{\varepsilon_2} - 1} \tag{2-47}$$

式中 A_1——内管的外表面积，$A_1 = \pi DL$，m²；

ε_1，ε_2——内、外管表面的发射率，无因此；

T_1，T_2——内管外表面温度及外观内表面温度，K。

2）外管向天空的对流和辐射热损失

由外管向天空的对流和辐射热损失能量为：

$$Q_{2-a} = a_2 h(T_{2,0} - T_a) + A_2 \varepsilon_2 \sigma(T_{2,0}^4 - T_a^4) \tag{2-48}$$

式中　A_2——外管的外表面积，$A_2 = \pi D_1 L$，m^2；

　　　h——集热管对环境的对流换热系数，$W/(m^2 \cdot \text{℃})$；

　　$T_{2.0}$——外管外表面温度，K；

　　T_a——环境空气温度，K。

集热管热损失的一般表达式为：

$$Q_L = U_L A_1 (T_1 - T_a) \tag{2-49}$$

由能量守恒定律可得：

$$Q_L = Q_{1-2} + Q_{2-a} \tag{2-50}$$

（4）集热管的有用能量

在稳定工况下，由式（2-31）可知，集热管的有用能量 Q_U 为：

$$Q_U = Q_A - Q_L = [I_{eff} - U_L \pi (T_1 - T_a)] DL \tag{2-51}$$

4. 真空管集热器热性能试验

国家标准《真空管太阳能集热器》GB/T 17581—2007 对真空管集热器的热性能试验做了明确的规定。基本内容与平板集热器的热性能试验方法基本一致，这里不再赘述。

2.1.3 非跟踪 CPC 集热器

由于热量损失与吸收器面积成正比，而获得的太阳辐射与集热器面积成正比，因此减少吸收器面积是另外一种减少热损的方法，也就是聚光，此类集热器称为聚光集热器。为了描述它的性能，定义聚光比 C 为，聚光集热器净采光面积 A_a 与接收器面积 A_A 之比，即

$$C = \frac{A_a}{A_A} \tag{2-52}$$

CPC 集热器的几何聚光比为：

$$C_G = \frac{1}{\sin\theta_{max}} \tag{2-53}$$

式中　θ_{max}——接受角（°）。它的物理含义表示对任意一个特定的复合抛物而聚光器，能将其接受角范围内的全部入射光线按最大聚光比聚集向吸收体，超过这个接受角范围外的光线不能接受而反射回天空。

CPC 集热器能够和不同形状的接收器相结合，以满足特定的要求。图 2-14 给出了 4 种可能的组合方案，(a) 为平板状接收器；(b) 为竖板式；(c) 为楔板式；(d) 为管式。(b) 和 (c) 的优点在于接收器背部暴露于环境的面积比 (a) 小，(d) 形式的接收器是应用最多广泛使用的形式。

CPC 集热器聚光而不成像，因而不需要跟踪太阳，最多只需要随季节作倾斜度的调整。它可能达到的聚光比一般在 10 以下，当聚光比在 3 以下时，可以做成不调整的固定聚光集热器。它不但能接收直接辐射，而且能接受散射辐射（能利用总散射辐射的20%），其性能和单轴跟踪抛物面聚光集热器相当，但省去了复杂的跟踪机构。与平板集

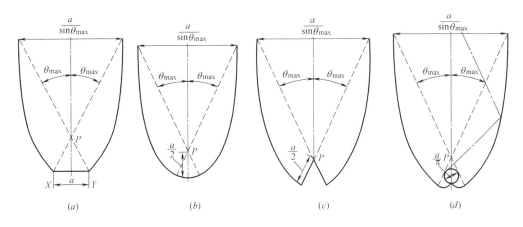

图 2-14 CPC 与不同形状接收器的组合

热器相比由于有了一定程度的聚光，吸收体面积小，热损失也减小，因而集热器的温度提高。其合适的工作温度范围为 80～250℃，是具有一定特色的中温聚光集热器。

典型 CPC 集热器的光效率数值范围在 0.6～0.7，小于平板集热器。因此，复合抛物面集热器在低温运行条件下效果较差，因为此时光效率是重要的；而在较高温运行时，复合抛物面集热器将因热损失减少而显示出优越性。图 2-15 表示这种集热器的瞬时效率与平板集热器、真空管集热器的比较。曲线越平，表示集热器的高温性能越好。从实际应用的效果来看，这种聚光集热器更适用于供暖与制冷。

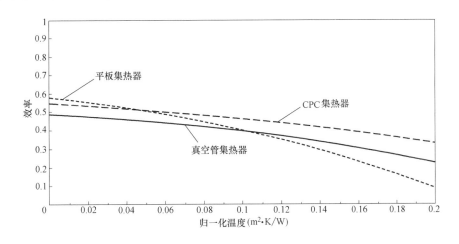

图 2-15 三种集热器的效率曲线比较[2]

2.1.4 跟踪聚焦集热器

所谓的跟踪式太阳能集热器是指太阳能集热器会根据太阳的运行规律对其进行追踪。太阳在一天之内位置变化很大，随着季节的不同，每天的变化情况又不相同。在位置变化的同时，光强也会发生变化。同时，由于气候的影响，如云雾遮住太阳、大风使系统摇摆等，都会影响太阳的光强和它对系统的相对位置。因此，系统应随时做出相应的调整，这就使得设计跟踪系统显得十分必要。常用于太阳能空调的跟踪式太阳能集热器包括槽式集热器和线性菲涅尔集热器。

1. 槽式太阳能集热器

槽式抛物镜面太阳能集热器作为线聚焦型中一种，是太阳能空调中的一个重要装置。它一般由抛物槽反射镜、同轴太阳光接收器、太阳能位置传感器、自动跟踪机构、输配管路及支架组成（见图2-16）。

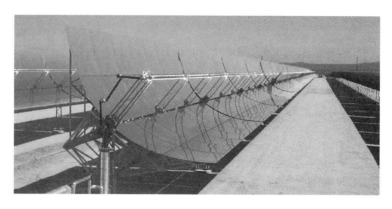

图 2-16　槽式抛物镜面太阳能集热器

其原理为：太阳光线经抛物反射镜面汇聚到位于焦线的吸收器上，将低能量密度的太阳直射辐射能转变成了高能量密度的直射辐射能，进而加热吸收器中流动的介质（如：水、导热油等）。由于地球上的任一点绕太阳的位置是随时在变化的，所以槽式集热器必须装设跟踪系统，根据太阳的方位，随时调整反射器的位置，以保证反射器的开口面与入射太阳辐射总是相互垂直的。图2-17为槽式抛物镜面对一组平行光线的汇聚作用示意图。

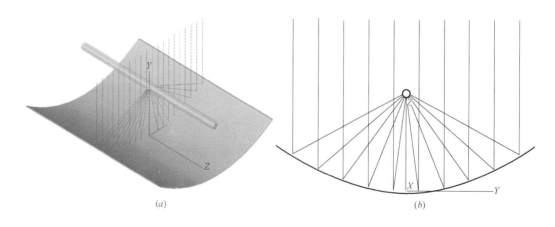

图 2-17　槽式集热器光线汇聚
（a）槽式抛物面聚光示意图；（b）轴向视图

吸收器位于抛物反射镜面的焦线上，是集热器中光能转换为热量过程的承载者，转换效率的高低将会直接影响系统的集热效率。因为反射镜为线聚焦装置，阳光经聚光器聚集后，在焦线处成一线形光斑带，所以吸收器需满足5个条件：（1）吸热面的宽度要大于光斑带的宽度，以保证聚焦后的阳光不溢出吸收范围；（2）具有良好的吸收太阳光性能；（3）在高温下具有较低的辐射率；（4）具有良好的导热性能；（5）具有良好的保温性能。

目前的吸收器的形式有：直通式金属—玻璃真空集热管（简称真空管）、腔体吸收器、菲涅尔式聚光吸收器和热管式真空集热管。其中，真空管和腔体吸收器最为常用。

腔体吸收器的结构为一槽形腔体，外表面包有隔热材料。腔体的黑体效应，使其能充分吸收聚焦后的太阳光。腔体吸收器的优点为：经聚焦的辐射热流几乎均匀地分布在腔体内壁，与真空管吸收器相比，具有较低的投射辐射能流密度，也便开口的有效温度降低，从而使得热损降低。因此，腔体吸收器在同样工况下效率一般优于真空管吸收器；腔体式吸收器既无须抽真空，也无须光谱选择性涂层，只需传统的材料和制造技术便可生产，同时也使其热性能容易长期维持稳定。

就管簇结构的腔体吸收器，上海交通大学[3]构建了八种线聚焦的吸收器，如图2-18所示。研究结果表明，对于采用管束三角形腔体吸收器的线聚焦菲涅尔反射镜

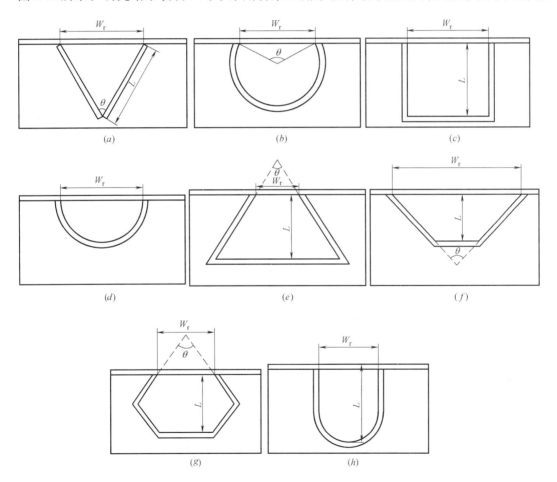

图 2-18　八种线聚焦腔体吸收器的示意图

（a）三角形腔体吸收器；（b）圆弧形腔体吸收器；（c）长方形腔体吸收器；（d）半圆形腔体吸收器；
（e）正梯形腔体吸收器；（f）反梯形腔体吸收器；（g）复合梯形腔体吸收器；（h）曲面形腔体吸

太阳能集热器，其空晒性能参数约为 0.36m² · K/W，其性能已经超过真空管式吸收器，与其他七种线聚焦腔体吸收器相比，采用三角形腔体吸收器的总热损失系数最小。当集热温度为 90℃时，集热器的光热转换效率约为 45.20％；当集热温度为 120℃时，集热器的光热转换效率约为 40.10％；当集热温度为 150℃时，集热器的光热转换效率约为 36.60％。

为使集热管、聚光器发挥最大作用，聚光集热器应跟踪太阳。槽型抛物面反射镜根据其采光方式，分为东西向和南北向两种布置形式。东西放置只作定期调整；南北放置时，一般采用单轴跟踪方式。

跟踪方式分为开环、闭环和开闭环相结合 3 种控制方式。开环控制由总控制器计算出太阳能的位置，控制电动机带动聚光器绕轴转动，跟踪太阳。优点是控制结构简单；缺点是易产生累积误差。闭环控制时，每组聚光集热器均配有一个伺服电动机，由传感器测定太阳位置，通过总控制室计算机控制伺服电动机，带动聚光器绕轴转动，跟踪太阳。传感器的跟踪精度为 0.50。优点是精度高；缺点是大片乌云过后，无法实现跟踪。采用开、闭环控制相结合的方式则克服了上述两种方式的缺点，效果较好。南北向放置时，除了正常的平放东西跟踪外，还可将集热器作一定角度的倾斜，在倾斜角度达到当地纬度时，效果最佳，聚光效率提高达 30％。

2. 菲涅尔式太阳能集热器

菲涅尔集热器是另一类聚光型集热器，其最早由法国工程师 Augustin Jean Fresnel 发明，故而得名。菲涅尔集热器实际上是对槽式集热器的改进，通过改进提高了系统的经济性，降低了加工成本和难度，使得系统的实用性得到提高，在聚光光伏发电、中高温太阳能热利用、太阳能制冷空调和太阳能热发电等领域具有广泛的应用前景。

菲涅尔太阳能集热器主要包括菲涅尔反射镜太阳能集热器和菲涅尔透射太阳能集热器。本节介绍线性菲涅尔式反射镜太阳能集热器。其特点为：平面或微面反射镜贴地安装，抗风性能强，镜架结构简易，造价低；跟踪设计较为简易；具有与槽式系统相当的聚光比；吸收器为安装在固定安装的塔顶，与槽式系统相比，接收器之间无需采用挠性连接，系统可靠性高；聚光装置的运行维修费用低。

菲涅尔反射式集热器，用多排若干片小的平面镜（或微弧度镜面）来代替槽式集热器的抛物反射面，线性反射镜阵列中的每排镜面按照一定角度跟踪太阳，将太阳光汇聚到焦点吸收器，在吸收器中太阳能转化成热能被吸收器中流动的工质将热量带走，供用热端使用，并随着太阳的位置变化而自动转动以跟踪太阳进行聚光，从而实现太阳能光热转换，其镜场实际上是离散的抛物槽式太阳能反射镜阵列。图 2-19 为线性菲涅尔集热器实物图，图 2-20 为菲涅尔集热器的聚光原理图。

菲涅尔式太阳能集热器的反射镜面又称聚光器，用于收集太阳直射光线并将其聚焦到吸收器上。由于跟槽式集热器同属于反射式集热器，并且菲涅尔集热器以槽式为基础发展而来，故在槽式集热器的基础之上，结合菲涅尔系统的自身特点，聚光器应满足如下要求：（1）具有较高的反射率；（2）有良好的聚光性能；（3）有足够的刚度；（4）有良好的抗疲劳能力；（5）有良好的抗风能力；（6）有良好的抗腐蚀能力；（7）有良好的运动性能；（8）有良好的保养、维护、运输性能；（9）应保证反射镜列各镜面在反射太阳光线过程中无相互遮挡。

图 2-19　线性菲涅尔集热器　　　图 2-20　菲涅尔集热器 3D 聚光原理图

吸收器是集热器中光能转换为热量过程的承载者，转换效率的高低将会直接影响系统的集热效率。

为使集热器发挥最大作用，聚光集热器应跟踪太阳。菲涅尔集热器也需要根据具体的地理位置和安装条件进行合理布置和跟踪。一般对于点聚焦系统而言，采用双轴跟踪；对于线聚焦系统，有水平东西布置和倾斜南北布置两种形式，相应的一般采用南北跟踪和东西跟踪，若为了提高效率，也可采用双轴跟踪。其跟踪方式与槽式类似，都是通过计算不同日不同时刻的太阳位置，采用步进电机，设置检测时间，通过检测集热器当前位置与追踪角的差值，由控制器发出脉冲，控制电机转动，实时跟踪太阳。

2.1.5　太阳能空气集热器

太阳能空气集热器是用空气作为传热介质的太阳能集热器，有时亦成为"太阳能空气加热器"，通常用于提供热空气，主要应用在工业干燥过程、建筑的供冷热风。在太阳能空调中，太阳能空气集热器通常与除湿空调结合使用，具有良好的性能。

太阳能空气集热器与通常用液体作为传热介质的太阳能液体集热器相比，具有以下优点[4]：

（1）不存在冬季的结冰问题；

（2）微小的渗漏不会严重影响空气集热器的工作和性能；

（3）空气集热器承受的压力很小，可以利用较薄的金属板制造；

（4）不必考虑材料的腐蚀问题；

（5）经过加热的空气可以直接用于干燥或房屋取暖，不需要增加中间换热器。

当然，与太阳能液体集热器相比，太阳能空气集热器也有不足之处：

（1）由于空气的导热系数很小，只有水的 $1/25 \sim 1/20$，因而其对流换热系数远小于液体的对流换热系数，所以在相同的条件下，空气集热器的效率要比普通平板液体集热器的效率低；

（2）与液体相比，空气的密度小得多，只有水的 $1/300$ 左右，以至在加热量相同的情况下，为使空气能在加热系统中流动，就要消耗较大的风机输送功率；

（3）由于空气的比热容量很小，只有水的 1/4，因而当以水作为传热介质时，为了储存热能，需要使用石块或鹅卵石等蓄热材料；而当以水作为传热介质时，它同时又可兼做热容量很大的蓄热介质。

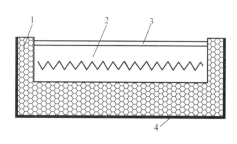

图 2-21　空气集热器的结构示意图
1—隔热材料；2—吸热板；3—玻璃盖板；4—外壳

太阳能空气集热器的总体结构与平板太阳能集热器相似，也主要可分为四部分：吸热板、透明盖板、隔热材料和外壳。其中，透明盖板、隔热材料和外壳的具体设计与要求，与平板太阳能集热器一样。吸热板的结构，则由于使用的工质不同，差异较大。如图 2-21 所示是空气集热器的结构示意图。

平板型的空气集热器是应用最广泛的空气集热器，其运行机理已经被研究得比较透彻，根据气流从吸热板吸热的方式可以分为四类，如图 2-22 所示。图 2-22（a）中气流从吸热板的上方流过而与吸热板换热，结构最简单，但是由于气流直接与玻璃面盖接触而使热损非常大，因此效率很低；图 2-22（b）中气流从吸热板的下方流过，使热损大大减少，为了改善气体的流动，通常把吸热板做成带翅片状；图 2-22（c）中气流从吸热板的上下流过，空气和吸热板之间的换热更充分，但是同样由于气流接触了玻璃面盖使得热损增大；图 2-22（d）中气流从多孔吸热板交叉流过，换热最为充分，但气流的流动阻力增大，压降增大，因此需要更多的风机动力消耗。

在选择空气集热器时，不仅要考虑热效率，还要考虑风机的动力消耗。综合考虑，图 2-22（b）型的空气集热器的总体性能比较好，因此被广泛商业化，具有较高的市场占有率。

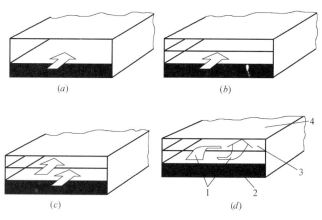

图 2-22　太阳能空气集热器分类图[5]
1—气流；2—保温层；3—吸热板；4—玻璃面盖

在过去几年，国内使用真空管集热器的设备增长速度最快。真空管技术趋于成熟，且价格低廉，已应用于空气集热器中，为建筑提供冷量和热量或为工业干燥过程提供热空气。这种空气集热器的空气在平行吸收管内流动。一种环形间隙的吸收管用于输送空气。真空管由玻璃构成，玻璃内表面具有选择性吸收涂层。这种集热器效率高，能得到 100℃

以上的空气。因此，是一种与太阳能空调匹配良好的集热器，尤其是除湿空调。图 2-23 所示是真空管空气集热器的一个例子，130m² 的集热器建在德国弗莱堡的一个建筑楼顶[6]。

2.1.6 太阳能热水器

到目前为止，世界各国在利用太阳能方面以太阳能热水器的应用技术最成熟，应用比较广泛。这种装置结构简单，成本不高，最适用于北纬 45°和南纬 45°之间的城乡地区，因为这个地区内每年约有 2000h 以上的日照时间。它可为家庭、浴室或医院、旅馆等公共场所提供洗澡、洗衣、炊事等用途的热水，水温在夏季一般都能达到 50～60℃ 左右。除了作为家庭生活用热水以外，还扩大到工农业生产上。

图 2-23　真空管空气集热器

下面主要介绍太阳能热水器的类型，着重介绍几种常用的太阳能热水器，并分析了太阳能热水器的热性能。最后，针对经常出现的太阳能热水器在冬季冻结的现象，指出了几种常用的防冻措施。

一般来说，太阳能热水装置（见图 2-24）主要由集热器、储热水箱、冷水和热水管道、安装支架和喷头、阀门等附件组成。集热器将太阳辐射能转换为水的热能；贮水箱起贮存热水的作用。

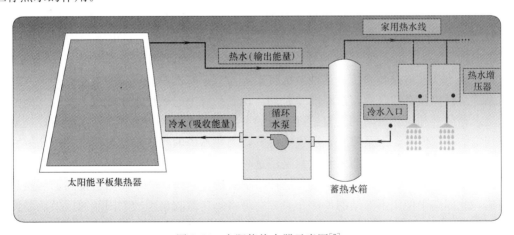

图 2-24　太阳能热水器示意图[7]

按照水在集热器中的状态，可分为：静止型和流动型。在静止型热水器中，水在集热器中是不流动的。静止型热水器往往把集热器和贮水箱合二为一，既省去了贮水箱，也减少了许多连接管道，结构简单、造价低、制造容易。但是在大多数情况下热效率较低。静止型热水器包括适用于低温热水系统的浅池式热水器和比较适用于家庭使用的闷晒式热水器。流动型热水器的种类很多。按流动性质的不同可以分为强制对流和自然对流；按流动形式的不同可分为循环式和直流式。流动型热水器的系统比静止型热水器要复杂很多，放热率也高一些。

强迫循环式太阳能热水装置最常用，它主要由集热器、蓄水箱、水泵、控温器与管道组成（见图 2-25）。水泵将水箱中的水通过循环水管 1 打入集热器的下集管。水经过排管到上集管，然后通过循环水管 2 回到水箱。水泵使水不断循环。这种以外力作为循环动力的热水器叫强迫循环热水器。

它的优点是：笨重的水箱可以设置在任意地方甚至低于集热器的位置，安装方便；管径可以相对小些，降低成本；由于水的循环速度增加，从而提高了集热效率。其缺点是集热器承受一定的压力，系统比较复杂，消耗了少量的电能。主要适用于大型热水器系统。

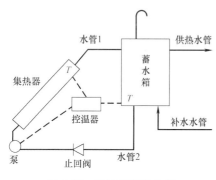

图 2-25　强迫循环热水器

我国北方冬季夜间的最低温度可达 $-10 \sim -40^\circ\text{C}$，在这样低的气温下，平板式热水器中的存水会很快冻结，导致集热板胀裂破损。因此，入冬后不得不将水排空，停止使用。这样，不但利用率低，而且由于水排空后集热器和水箱的内表面接触空气，加速了材料的腐蚀，缩短了集热器的使用寿命。因此，如能使集热器在冬季继续运行，为用户提供热水，就成了发展太阳能热水器的重要问题。下面介绍几种常见的热水器防冻措施。

（1）自动补热　在平板集热器的下联箱内，装一根绝缘良好的电热丝，并设置温度敏感元件。当水温降到 0°C 时，敏感元件发出信号，通过放大器合上电热丝电路上的开关，使它对水加热。这根电阻丝的功率可以很小，只要能保证集热器中的水不结冰即可。对于 1m^2 的集热器，在 -15°C 的环境温度下保持不结冰，所需功率仅为 1.2W。当水温超过 1°C 或 2°C 时，温控装置便发出信号切断电源。这种方法要消耗少量电能，一般适于气温不太低的地区。

（2）落水式强迫循环系统　这种系统将集热器放在贮水箱上方，贮水箱有通大气的开口，系统最高点没有通气阀，由温度差起动器控制系统中的循环水泵的运行及通气阀的动作。当水箱底部和集热板间的温差超过规定的上限位时，通气阀闭合，水泵起动；当温差低于规定的下限值时，水泵停止，通气阀打开，集热器中的水靠重力作用全部迅速返回水箱。一般的大型太阳能热水器系统常常采用这种方式防冻。

（3）采用防冻液的复合回路系统　这种系统有两个回路，一个回路由集热器和换热器所组成，此回路中使用不冻结的传热介质，它可将集热器收集到的太阳能通过换热器传递给水箱中的水。这一回路一般采用强迫循环，对于一些小型系统，也采用自然循环方式。另一个回路是供热水回路，通过这样达到防冻目的。常用的防冻传热介质的种类很多，如乙醇、乙二醇、丙三醇等醇类水溶液；硅油、芳香族和烃油等有机油类等。选用防冻液时，除了考虑冻结温度外，还应考虑防冻介质无毒、成本低，与集热器、换热器材料不发生腐蚀，以及防冻介质的热物性等。换热器可采用列管式、盘管式和板框式等。在自然循环的防冻介质回路中，换热器、集热器及循环管内的阻力与热容大小要适当，换热器的面积以等于集热器采光面积的一个为最佳。

2.1.7　辅助热源

太阳能制冷空调中的辅助热源具有多种形式，它可以用于系统的制冷设备或集热设备，可以来自于不同的热源。常见的辅助热源有市政热力管网、电加热、常规燃油（燃气）锅炉、电锅炉、冷凝燃气锅炉、空气源热泵、水（地）源热泵等，按控制模式可以分为手动控制、全日自动控制、定时控制，目前应用最广泛的是全日自动控制。辅助热源是用于确保太阳能制冷空调系统在任何天气情况下都能满足室内负荷需求。例如，夏季室内热负荷较大需要提供更多的冷量，冬季室内冷负荷较大需要提供更多的热量。此外，冬季当集热器的热量不充足，辅助热源可以用于集中供热。

2.2　太阳能储热

2.2.1　储热水箱

显热存热量与储热介质的比热容和质量有关，当物体温度由 t_1 升到 t_2 时，吸收的热量为：

$$Q = \int_{t_1}^{t_2} mC_p \mathrm{d}T \tag{2-54}$$

式中，C_p——物体的定压比热，kJ/(kg·℃)；

　　　　m——物体的质量，kg。

可见，增加储热量的途径是：提高储热介质的比热容；增加储热介质的质量；增大温度差。比热容是物质的热物性，显然选用比热容大的材料作为储热介质是增大储热量的合理途径。当然，在选择储热介质时还必须综合考虑密度、黏度、毒性、腐蚀性、热稳定性和经济性。密度大则储存介质容积小，设备紧凑，使成本降低。常把比热容和密度的乘积（即容积比热容）作为评定储热介质性能的重要参数。表 2-4 给出了各种常用显热储热介质的性质[8]。

显热储热介质的性质　　　　　　　　　　　表 2-4

储热介质	温度范围（℃）	密度（kg/m³）	比热[J/(kg·K)]	容积比热容[kWh/(m³·K)]	导热系数 W/(m·K)
水	0～100	1000	4190	1.16	0.63（38℃）
水（10Bar）	0～180	881	4190	1.03	—
50%乙二醇—50%水	0～100	1075	3480	0.98	—
50NaNO₃—50KNO₃	220～540	1733	1550	0.75	0.57
熔盐（53KNO₃/40NaNO₃/7NaNO₃）	142～540	1680	1560	0.72	0.61
液态钠	100～760	750	1260	0.26	67.5
铸铁	熔点（1150～1300）	7200	540	1.08	42.0
铁燧岩	—	3200	800	0.71	—
铝	熔点（660）	2700	920	0.69	200
耐火砖	—	2100～2600	1000	0.65	1.0～1.5
岩石	—	1600	880	0.39	—

水是一种便宜、容易得到和可储存显热的有用工质，加上水的物理、化学、热力性质清楚，因而使用起来很方便。水可作为集热器中的吸热流体，也可作负荷的传热介质。由于水的比热容比许多物质大，本身又是液态，向集热器及储存装置输送时消耗的功较少，故水是一种很好的储存介质。它的储存温度由水的沸点和负荷需要决定。此外，水还有以下优点：

（1）传热及流动性能好，黏性、热传导性、密度及热膨胀系数等很适合于自然循环及强迫循环的要求；

（2）流动及传热性能都容易测量；

（3）汽化温度较高，适合平板集热器的温度范围；

（4）无毒。

水作为储热介质的缺点是：

（1）它是一种电解腐蚀性物质；

（2）水对气体来说是一种溶剂，尤其在溶入氧气后会引起腐蚀作用；

（3）结冰时体积膨胀，容易破坏管路或结构。

尽管有以上不足，水仍然是方便又便宜的良好储热介质。储水容器要求外表面热传导、对流及辐射的热损失小，一定体积下要求溶剂的表面积最小，因而往往做成球形和正圆柱形。储水容器的材料可选用不锈钢、铝合金、钢筋水泥、铁、木材或塑料，要采取防腐蚀措施。如用木料、水泥时，要考虑热膨胀性，以免永久后产生裂缝漏水。

热水在储热系统中的储热量为：

$$Q_s = (mC_p)_s (T_1 - T_2) \tag{2-55}$$

式中　Q_s——一次循环作用下，温度范围为 T_1 和 T_2 之间的总热容量；

　　　m——总水量。

对于充分混合的储水容器，能量平衡方程为：

$$Q_u = L + (mC_p)_s \frac{dT_s}{dt} + (UA)_s (T_s - T_a) \tag{2-56}$$

式中　　　　Q_u——由集热器到储水箱的热能；

　　　　　　L——储热系统供给负荷的能量；

$(mC_p)_s \dfrac{dT_s}{dt}$——储热系统本身的热容量变化率；

$(UA)_s (T_s - T_a)$——储热系统的热损失；

下标 s 表示储热系统。

集热器运行条件一定时，假设储热器容积小，则储存水温增高，储存系统的热损失大，此时，储存的热水只能供短期使用。反之，储存量大，储存水温较低，则储存热水可供较长时间应用，但成本较高。为此，必须适当规定单位集热面积的热水储存量（kg/m²）。式（2-56）中的 Q_u 可用集热器的水流量及其进出口水温表示为：

$$Q_u = (\dot{m}C_p)_c (T_{f,o} - T_s) \tag{2-57}$$

式中　$(\dot{m}C_p)_c$——集热器中的水流量与水比热容的乘积；

　　　$T_{f,o}$——集热器的出口水温；

　　　T_s——水箱温度，也可看做进入集热器的流体温度 $T_{f,i}$。

由上文可知，

$$Q_u = AF_R[G(\tau\alpha)_e - U_L(T_s - T_a)] \tag{2-58}$$

T_a 成为公式中的主要变量。其中流量 $\dot{m}$，如果是强制循环，则为水泵流量。Q_u 可由集热器性能方程求出，而负荷 L 则由负荷要求确定，假如有辅助热源，还要加上相应项，这样就可求出一定气候条件下，不同时间的热储存水温。由热平衡关系：

$$AF_R[G(\tau\alpha)_e - U_L(T_s - T_a)] = (\dot{m}C_p)_L(T_s - T_L) + (mC_p)_s\frac{dT_s}{dt} + (UA)_s(T_s - T_a) \tag{2-59}$$

可以写出：

$$\frac{dT_R}{dt} = \frac{AF_R}{(mC_p)_s}[G(\tau\alpha)_e - U_L(T_s - T_a)] - \left(\frac{UA}{mC_p}\right)_s(T_s - T_a) - \frac{(\dot{m}C_p)_L}{(mC_p)_s}(T_s - T_L) \tag{2-60}$$

式中　T_L——负荷所需的水温。

上式可用查分表示为：

$$T_s^+ = T_s + \frac{\Delta t}{(mC_p)_s}\{AF_R[G(\tau\alpha)_e - U_L(T_s - T_a)] - (UA)_s(T_s - T_a) - (\dot{m}C_p)_L(T_s - T_L)\} \tag{2-61}$$

式中　Δt——时间间隔；

$\quad\quad T_s$——该时间间隔内的初始温度；

$\quad\quad T_s^+$——终了温度。

最后可概括为：

$$T_s^+ = T_s + \frac{\Delta t}{(mC_p)_s}\{Q_u - Q_{loss} - Q_{load}\} \tag{2-62}$$

水是目前太阳能系统中最常用的储热介质，在现有的太阳能利用系统中多数采用储热水箱，而最受关注的就是水箱内温度分层的研究。对太阳能集热器来说，若进入集热器的水温越低，则集热器的效率将因热损减少而提高；而对负荷来说，要求水温越高越好；所以分层式储热水箱的低温区连接集热器进水口，而高温区连接负荷。有关储热水箱中温度分层的研究，主要是弄清各种因素对温度分层的影响，这对水箱的设计及运行控制有很大的实际意义[9]。有关实验研究指出，良好的温度分层，可使整个系统的性能提高 20%[10]。

太阳能温度分层水箱是太阳能集热系统中的能量储存和调节设备。通过控制内部流态，减少高温和低温水之间的掺混，实现温度分层。

在温度对传热介质密度影响所形成的浮升力的影响下，水温由水箱底部到水箱顶部逐步增加而形成温度分层。对于温度分层的影响因素，多用无量纲理查逊数 $Ri(Ri = Gr/Re^2)$ 进行分析。温度分层水箱在重力影响下，由密度梯度形成的浮升力是提高分层效果的内在因素。Gr/Re^2 是表征浮升力和流动中的惯性力之比的量度，一般认为 $Ri \leqslant 0.1$ 时为纯强迫流动，而研究表明 $Ri \leqslant 3.6$ 时，水箱进口结构对温度分层产生影响[11]，而当 $Ri > 10$ 时可以不考虑进口效应对温度分层的影响或由于混合对分层的影响很微弱[12,13]。对于水平放置的水箱，$Ri > 0.2$ 时水箱中的分层梯度变化很小[14]。因此对于高雷诺数条件下（Ri 较小），水箱进口的影响不可以忽略时，要实现水箱内的温度分层，势必要考虑对出现的湍流流态的抑制问题，而不仅仅限于依靠自然对流产生分层。

根据 $Ri=Gr/Re^2$ 的表达式分析，结构形式固定的水箱中，对应一定温度的流体流动的 Gr 数是不变的，而受进口结构的影响，强迫流动强度（Re 表征的惯性力）是改变的，因此在低 Ri 条件下，湍流占优的扰动会加快水箱中高、低温水之间的混合，从而降低温度分层的效果。

基于有限空间对湍流流动的不稳定性具有较强的抑制性[15]，文献［16］重新设计了太阳能分层水箱，同时考虑到水箱安装空间受高度限制，为了削弱水箱进口效应的影响，通过调整水箱不同的温区结构，来获得较好的温度分层效果。

下面就介绍一种太阳能温度分层水箱，如图 2-26 所示。来自太阳能集热器的高温水从水箱右侧顶部进入水箱，依次通过由保温隔板形成的导流槽，进入中部和左侧的腔室，在左侧腔室出口处把此室内由用户回来的低温水重新送回太阳能集热器，而位于右侧侧壁的出口则是把临近高温的太阳能高温水送向用户。导流槽的作用是把每个腔室底部的水依次导入下一腔室的顶部，降低在无导流槽时高温水和低温水的扰动掺混，形成每一温区内各自的分层。这样，可以削弱水箱分层对水箱高度和进口状态的要求。通过导流重新分配水箱的温区分布，达到来自太阳能集热器的高温水优先利用的目的。

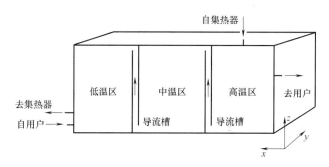

图 2-26　太阳能分层水箱结构示意图

为测试水箱的分层效果，采用水箱中初始注入热水，循环使其均温维持在 70℃，而后注入温度较低的回水 15℃，同时打开去用户的出水阀门，瞬态试验在加热系统关闭的情况下记录了开始以后 700s 的各个测点的温度变化情况，如表 2-5 所示，表中的 cha 后面的两个数字分别代表热电偶测点的位置。

热电偶标号代表的对应位置　　　　　　　　　　　　　　　　　　　　　　表 2-5

高温腔	中温腔	低温腔	距箱底距离（mm）
cha11	cha21	cha31	400
cha12	cha22	cha32	350
cha13	cha23	cha33	300
cha14	cha24	cha34	250
cha15	cha25	cha35	200
cha16	cha26	cha36	150
cha17	cha27	cha37	100
cha18	cha28	cha38	50

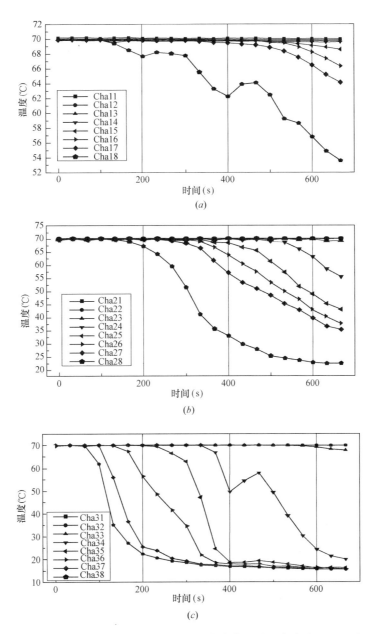

图 2-27　水箱中的高温/中温/低温的温度变化（进口水流速 0.114m/s）

（a）高温腔室水温变化；（b）中温腔室水温变化；（c）低温腔室水温变化

从表 2-5 中热电偶的位置可以看出，热电偶的布置位于从水箱底部向上 400mm 的高度。图 2-27 所示是温度分层水箱在回水速度为 0.114m/s，回水温度为 15℃时，实时记录了开始试验后 700s 内的高温，中温和低温子腔区域的温度变化趋势。由图可知，初始为70℃高温的水箱，回水口注入低温的低温水使得低温子腔内的温度由下至上逐步降低，主要温度降低过程（200～400s）完成以后，中温子腔内的温度由下至上才依次受到影响（400～600s），然后影响到第三个子腔（600s 以后）。表明此结构的温度分层水箱达到了防止冷热水相互掺混，有效维护温度分层的效果。

根据上述分析，新型结构水箱中的水温近似满足阶梯型温度分布模型[17]，局部温度：

$$T(x)=\begin{cases} T_1, & X_0 \leqslant x \leqslant X_1 \\ T_2, & X_1 \leqslant x \leqslant X_2 \\ \quad \cdots \\ T_k, & X_{k-1} \leqslant x \leqslant X_k \end{cases} \tag{2-63}$$

平均温度：

$$T_m = \frac{1}{L}\int_0^L T(x)\mathrm{d}x \tag{2-64}$$

这里的温度阶梯起始坐标段应当满足：

$$0 = X_0 \leqslant X_1 \leqslant X_2 \leqslant \cdots \leqslant X_{k-1} \leqslant X_k = L \tag{2-65}$$

同时引入质量份数因子 x_j，令 $x_j = \dfrac{m_j}{m}$，其中 m_j 为第 j 温度梯度段（$X_j - X_{j-1}$）的流体质量为：$m_j = \rho V_j = \rho A(X_j - X_{j-1})$，流体整体质量：$m = \rho V = \rho A L$。因此

$$x_j = \frac{m_j}{m} = \frac{X_j - X_{j-1}}{L} \tag{2-66}$$

由式（2-64）T_m 的定义，则水箱的总焓 E，混合平均总焓 E_m 具有如下关系。

$$E = E_m = mc(T_m - T_0) \tag{2-67}$$

又 $Ex = E - mcT_0\ln(T_e/T_0)$ 这里 $T_e = \exp\left[\dfrac{1}{L}\int_0^L \ln T(x)\mathrm{d}x\right]$，混合平均 $Ex_m = E_m - mcT_0\ln(T_e/T_0)$，

因此水箱分层时和混合状态时可用能的差为：

$$Ex - Ex_m = mcT_0\ln(T_m/T_e) \tag{2-68}$$

令环境温度 $T_0 = 25℃$，把根据温度场分析所得的上述两种水箱的温度代入后，可以得到如表 2-6 所示的能量对比结果。

不同结构的水箱（分层和普通）内的储能和可用能的对比　　　　表 2-6

参数	符号	温度分层水箱	普通水箱
温度	$T_m(K)$	348.15	348.15
	$T_e(K)$	348.05	348.15
焓评价	$E(J)$	78375	78375
	$E_m(J)$	78375	78375
	$E - E_m(J)$	0	0
评价	$Ex(J)$	6052.83	5918.57
	$Ex_m(J)$	5918.57	5918.57
	$Ex - Ex_m(J)$	134.26	0

从表 2-6 可以看出，温度分层结构水箱，由于产生温度分层，与完全混合的水箱内部的总焓值相等，而相对于环境条件所反映可用能的总值却高出 134.26J。即每阶梯度分层温差为 10℃ 的水箱，可用能比完全混合的水箱能多储存 2%～3%。因此，进行结构优化设计的水箱，在大容积的条件下将比普通混合水箱储存更多的可用能，提高能源的利用品质。

通过对等容积、处于相同条件下的两种不同结构的水箱进行对比分析，可知在水箱入口流体处于低的理查逊数（Ri 数），浮升力的影响可以忽略时，通过改善水箱结构，增加导流隔板，能够在不增加水箱高度的条件下实现水箱内部的温度分层。实验表明，这种结构的分层水箱所能够提供的热水温度一般比普通水箱高5℃左右。

2.2.2 相变储热

热量还可以潜热形式储存，潜热储热是利用相变材料的固液相相变时单位重量（体积）的潜热储热量非常大的特点把热量贮藏起来加以利用。潜热储存与储热介质的相变潜热、相变温度有关。相变温度为 T_m 的材料经历相变过程储热量表示为：

$$Q = \int_{T_1}^{T_m} m C_{ps} dT + m\lambda + \int_{T_m}^{T_2} m C_{pl} dT \tag{2-69}$$

这里，$T_1 < T_m < T_2$，λ 是相变潜热。通常适合太阳能系统储热的相变过程为固态—液态。常用的相变储能材料为石蜡、无机盐、有机或无机共晶混合物等。表2-7给出了常见的相变储能材料的物理特性[8]。

相变储能材料的热物理特性   表2-7

储热介质	熔点(℃)	潜热(kJ/kg)	比热[kJ/(kg·℃)]		密度(kg/m³)		容积储能密度[kWh/(m³·K)]	导热系数[W/(m·K)]
			固态	液态	固态	液态		
$LiClO_3 \cdot 3H_2O$	8.1	253	—	—	1720	1530	108	
$Na_2SO_4 \cdot 10H_2O$	32.4	251	1.76	3.32	1460	1330	92.7	2.25
$Na_2S_2O_3 \cdot 5H_2O$	48	200	1.47	2.39	1730	1665	92.5	0.57
$NaCH_3COO \cdot 3H_2O$	58	180	1.90	2.50	1450	1280	64	0.5
$Ba(OH)_2 \cdot 8H_2O$	78	301	0.67	1.26	2070	1937	162	0.653(液态)
$Mg(NO_3) \cdot 6H_2O$	90	163	1.56	3.68	1636	1550	70	0.611
$LiNO_3$	252	530	2.02	2.04	2310	1776	261	1.35
$LiCO_3/LiCO_3/K_2CO_3/K_2CO_3(35:65)^*$	505	345	1.34	1.76	2265	1960	188	—
$Na_2CO_3(32:35:33)^*$	397	277	1.68	1.63	2300	2140	165	

* 重量百分比。

潜热储热一般具有单位重量（体积）储热量大、在相变温度附近的温度范围内使用时可保持在一定温度下进行吸热和放热、化学稳定性好和安全性好等优点，但在相变时液固两相界面处的传热效果则较差。新型的高性能复合储热材料——如将高温熔融盐相变潜热储热材料复合到高温陶瓷显热储热材料中，可兼备固相显热储热材料和相变潜热储热材料两者的长处，又克服了两者的不足，从而使之具备能快速放热、快速储热及储热密度高的特有性能。如将 LiCl-KCl，Li_2CO_3-Na_2CO_3-K_2CO_3，Li_2CO_3-K_2CO_3，LiF-NaF-MgF_2，LiF-NaF，等熔融盐复合到 Al_2O_3，MgO，SiC 等多孔质陶瓷基体材料中去[18]。

本章参考文献

[1] 王如竹，代彦军 编著. 太阳能制冷. 北京：化学工业出版社，2006.
[2] S. Brunold, R. Frey, U. Frei. A comparison of three different collectors for process heat applica-

tions. Solartechnik Prüfung Forschung.

［3］ 谢文韬. 菲涅尔太阳能集热器集热性能研究与热迁移因子分析. 上海：上海交通大学，2013.

［4］ 罗运俊，何梓年，王长贵 编著. 太阳能利用技术. 北京：化学工业出版社，2005.

［5］ Hans-Martin Henning，Mario Motta，Daniel Mugnier. Solar Cooling Handbook，a guide to solar assisted cooling and dehumidification processes，3rd completely revised edition.

［6］ Solar Thermal _ Solar air collectors. Poised for growth，2012.

［7］ http：//connect2solar. com. au/archives/1350.

［8］ D. Yogi Goswami，Frank Kreith，Jan F. Kreider. Principles of Solar engineering，2nd edition. Taylor & Francis，1999.

［9］ 葛新石，龚堡，陆维德，王义方编著，太阳能工程——原理和应用. 北京：北京学术期刊出版社，1988.

［10］ Veltkamp WB. . Termal stratification in heat storage. Thermal Storage of Solar Energy，1981：47-59.

［11］ Zurigat etc. A comparison study of one Dimensional models for stratified thermal storage tanks. ASME J. Solar Energy Eng，1989，111：205-210.

［12］ Ghajar A. J. and Zurigat Y. H.，Numerical study of the effect of inlet geometry on stratification in thermal energy storage，Numer. Heat Transfer，1991（Part A）：19，65-83.

［13］ van Berkel，J.，Rindt，C. C. M.，van Steenhoven，A. A.. Modelling of two-layer stratified stores. Solar Energy，1999：67（1-3）：65-78.

［14］ Ramsayer，R. M.，Numerische Untersuchung der Stromungs-und Warmetransportvorgange bei der thermischen Beladung eines Warmwasserspeichers. Student report，Institut fur Thermodynamik und Warmetechnik，Universit at Stuttgart，Germany. 2001.

［15］ 胡延东，何雅玲，王秋旺等. 脉管制冷机内自然对流影响的数值分析. 西安交通大学学报，2001，35（1）：19-23.

［16］ 韩延民，王如竹，代彦军等. 新型太阳能温度分层水箱储能特性分析. 第四届全国制冷空调新技术研讨会，2006.

［17］ Marc A.，Rosen. The Exergy of Stratified Thermal Energy Storages. Solar Energy，2001，71（3）：173-185.

［18］ 王华，何方等. 燃料工业炉用陶瓷与熔融盐复合储热材料的制备. 工业加热，2002，31（4）：20-22.

第 3 章　太阳能空调装置

3.1　制冷机组[1,2]

3.1.1　吸收式制冷机

吸收式制冷机组是一种以热能为驱动能源、以溴化锂溶液或氨水溶液等为工质对的吸收式制冷或热泵装置。它利用溶液吸收和发生制冷剂蒸汽的特性，通过各种循环流程来完成机组的制冷、制热或热泵循环。吸收式机组种类繁多，可以按其用途、工质对、驱动热源及其利用方式、低温热源及其利用方式以及结构和布置方式等进行分类。简单的分类如表 3-1 所示。

吸收式机组的种类 表 3-1

分类方式	机组名称	分类依据、特点和应用
用途	制冷机组 冷水机组 冷热水机组 热泵机组	供应 0℃ 以下冷量 供应冷水 交替或同时供应冷水和热水 向低温热源吸热，供应热水或蒸汽，或向空间供热
工质对	氨—水 溴化锂 其他	采用 NH_3/H_2O 工质对 采用 $H_2O/LiBr$ 工质对 采用其他工质对
驱动热源	蒸汽型 直燃型 热水型 余热型 其他型	以蒸汽的潜热为驱动热源 以燃料的燃烧热为驱动热源 以热水的显热为驱动热源 以工业和生活余热为驱动热源 以其他类型的热源为驱动热源，如太阳能、地热能等
驱动热源的利用方式	单效 双效 多效 多级发生	驱动热源在机组内被直接利用一次 驱动热源在机组内被直接和间接地二次利用 驱动热源在机组内被直接和间接地多次利用 驱动热源在多个压力不同的发生器内被多次直接利用
低温热源	水 空气 余热	以水冷却散热或作为热泵的低温热源 以空气冷却散热或作为热泵的低温热源 以各类余热作为热泵的低温热源
低温热源的利用方式	第一类热泵 第二类热泵 多级吸收	向低温热源吸热，输出热的温度低于驱动热源 向低温热源吸热，输出热的温度高于驱动热源 吸收剂在多个压力不同的吸收器内吸收制冷剂，制冷机组有多个蒸发温度或热泵机组有多个输出热温度
机组结构	单筒 多筒	机组的主要热交换器布置在一个筒体内 机组的主要热交换器布置在多个筒体内
筒体的布置方式	卧式 立式	主要筒体的轴线按水平布置 主要筒体的轴线按垂直布置

本章将主要对溴化锂—水吸收式冷水机组和水—氨吸收式制冷机组进行分析介绍。

1. 溴化锂—水吸收式冷水机组

在溴化锂—水吸收式冷水机组中，以水为制冷剂（以下称冷剂水），以溴化锂溶液为吸收剂，可以制取 7～15℃ 的冷水供冷却工艺或空气调节过程使用[3]。为此，冷剂水的蒸发压力必须保持在 0.87～2.07kPa。故而，在溴化锂—水吸收式冷水机组中冷剂水在真空压力下蒸发制冷，通过溶液的质量分数在吸收和发生过程中的变化，来实现冷剂水的制冷循环。

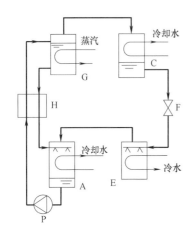

图 3-1　溴化锂吸收式制冷循环
A—吸收器；C—冷凝器；E—蒸发器；
F—节流阀；G—发生器；
H—溶液热交换器；P—溶液泵

溴化锂吸收式制冷循环如图 3-1 所示。在吸收器中溴化锂溶液吸收来自蒸发器的制冷剂蒸气（水蒸气，以下称冷剂蒸汽），溶液被稀释。溶液泵将稀溶液从吸收器经溶液热交换器提升到发生器，溶液的压力从蒸发压力相应地提高到冷凝压力。在发生器中，溶液被加热浓缩并释放出冷剂蒸汽。流出发生器的浓溶液经溶液热交换器回到吸收器。来自发生器的冷剂蒸汽在冷凝器中冷凝成冷剂水。冷剂水经过节流元件降压后进入蒸发器制冷，产生冷剂蒸汽，冷剂蒸汽进入吸收器。这样完成了溴化锂吸收式制冷循环。可见，溴化锂溶液的吸收过程相当于制冷压缩机的吸气过程；溶液的提升和发生过程相当于制冷压缩机的压缩过程。因此，吸收—发生过程是吸收式制冷循环的特征，它也被称为热压缩过程。在溶液热交换器的回热过程中，流出发生器的浓溶液把热量传递给流出吸收器的稀溶液，可以减少驱动热能和冷却水的消耗。上述吸收、发生、冷凝、蒸发和回热过程构成了单效溴化锂吸收式制冷循环。

单效溴化锂—水吸收式冷水机组的驱动热源常为 0.1MPa（表压力）的蒸汽、温度为 90～150℃ 的热水或其他低品位的余热。尽管单效溴化锂吸收式冷水机组的热力系数比较小为 0.6～0.7，但是其结构比较简单，金属消耗量比较少，操作维护简便，适用于以热水、太阳能和其他低品位的余热为驱动热源的溴化锂吸收式冷水机组。

单效蒸汽型溴化锂吸收式冷水机组的应用系统由发生器和蒸汽锅炉、疏水器、凝水箱、凝水泵等构成驱动热源回路，向机组提供驱动热源的蒸汽；由蒸发器、冷凝器和制冷剂泵等构成制冷剂回路，由发生器、吸收器、溶液热交换器和溶液泵等构成溶液回路，并由两者构成单效制冷循环；由吸收器、冷凝器、冷却塔和冷却水泵等构成冷却水回路，向周围环境排放溶液的吸收热和冷剂蒸汽的冷凝热；蒸发器、空调器或冷却设备、冷水泵、膨胀水箱等构成冷水回路，向空调器或生产工艺中的冷却设备提供冷水。

常见的单效蒸汽型溴化锂吸收式冷水机组的结构形式有双筒和单筒两种类型。另外，还有一种三筒形式是船用机组特有的结构。

在双筒单效蒸汽型溴化锂吸收式冷水机组中，工作压力较高的发生器和冷凝器布置在上面的筒体内，而工作压力较低的蒸发器和吸收器布置在下面的筒体内。这种类型的机组有结构简单、热应力和传热损失小、制冷容量大的机组可分割运输、现场组装等优点。

图 3-2 为一种单筒型单效溴化锂冷水机组。冷凝器和发生器左右并列布置，蒸发器和吸收器为上下布置。发生器采用沉浸式结构，蒸发器和吸收器采用喷淋式结构，机组采用三台屏蔽泵，吸收器采用浓溶液和稀溶液混合喷淋。冷却水采用串联形式。

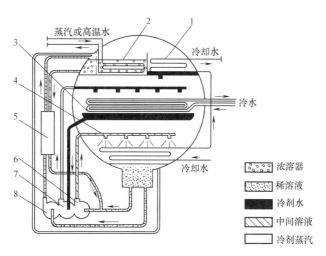

图 3-2　单筒单效蒸汽型溴化锂冷水机组

1—冷凝器；2—发生器；3—蒸发器；4—吸收器；5—溶液热交换器；6—溶液泵Ⅰ；7—冷剂泵；8—溶液泵Ⅱ

常见的双效蒸汽型溴化锂吸收式冷水机组的结构形式有三筒型和双筒型两种类型。此外，大容量机组或第二类热泵机组还采用多筒结构。

图 3-3 为一种三筒双效蒸汽型溴化锂吸收式冷水机组。在上方的一只筒体内布置高压发生器；另一只筒体内布置成左右排列的低压发生器和冷凝器。在下方的筒体内，蒸发器布置在中间，两个吸收器分列在两旁。高压发生器采用沉浸式结构，低压发生器、蒸发器和吸收器采用喷淋式结构。溶液按并联回路流动，即从吸收器流出的稀溶液，由溶液泵经高温和低温溶液热交换器回热后同时送入高压和低压发生器，分别加热浓缩后成为浓溶液，然后在两个吸收器的传热管簇上直接喷淋并吸收来自蒸发器的冷剂蒸汽。机组采用两台屏蔽泵。冷剂水泵用于蒸发器中冷剂水的喷淋循环。溶液泵则将稀溶液分成两路由吸收器送往发生器：一路经高温溶液热交换器送入高压发生器；另一路经低温溶液

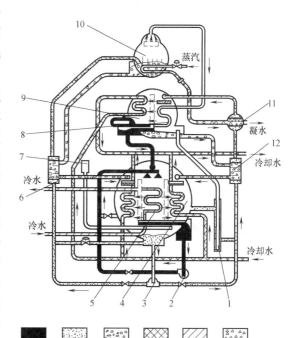

图 3-3　三筒双效蒸汽型溴化锂冷水机组

1—自动熔晶管；2—冷剂泵；3—溶液泵；4—吸收器；
5—蒸发器；6—高温溶液热交换器；7—集气室；
8—低压发生器；9—冷凝器；10—高压发生器；
11—凝水热交换器；12—低温溶液热交换器

热交换器和凝水换热器送入低压发生器。冷却水按并联回路流动，即同时经过冷凝器和吸收器带走热量。

图 3-4 为一种双筒双效蒸汽型溴化锂吸收式冷水机组。图中，在上方的筒体内布置高压发生器；在下方的筒体内，低压发生器和冷凝器并列布置在上方，蒸发器和吸收器则上下布置在下方。溶液按串并联回路流动。溶液泵则将稀溶液分成两路由吸收器送往发生器：一路经低温溶液热交换器、凝水热交换器和高温溶液热交换器送入高压发生器；另一路经低温溶液热交换器送入低压发生器。由高压发生器流出的中间浓度的溶液进入低压发生器；由低压发生器流出的浓溶液在引射器中与来自吸收器的稀溶液混合后在吸收器的传热管簇上喷淋。冷却水采用串联形式。机组采用两台溶液泵：一台溶液泵用于将稀溶液送入高压发生器；另一台溶液泵用于将稀溶液送入低压发生器和引射器。

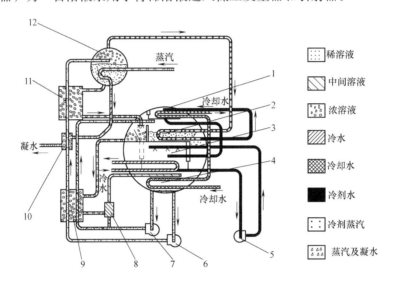

图 3-4 双筒双效蒸汽型溴化锂冷水机组

1—冷凝器；2—低压发生器；3—蒸发器；4—吸收器；5—冷剂泵；6—溶液泵 I；7—溶液泵 II；8—引射器；
9—低温热交换器；10—凝水热交换器；11—高温热交换器；12—高压发生器

2. 氨—水吸收式制冷机组

在氨—水吸收式制冷机中，以氨为制冷剂，以氨水溶液为吸收剂，可以制取冷水供冷却工艺或空气调节过程使用，也可以制取低达−60℃的冷量供冷却或冷冻工艺过程使用。当氨的蒸发温度大于−34℃时，机组的压力保持在大气压力之上。

氨水吸收式制冷循环如图 3-5 所示。在吸收器中氨水溶液吸收来自蒸发器的氨蒸气成为浓溶液。溶液泵将浓溶液从吸收器经溶液热交换器提升到发生器，溶液的压力从蒸发压力相应地提高到冷凝压力。在发生器中，溶液被加热释放出蒸气。流出发生器的稀溶液经溶液热交换器回到吸收器。来自发生器的蒸气在精馏器中被提纯为氨蒸气。氨蒸气在冷凝器中冷凝成氨液。氨液经预冷器、再经节流元件降压后进入蒸发器制冷，产生氨蒸气。氨蒸气经预冷器进入吸收器。这样完成了氨水吸收式制冷循环。上述吸收、发生、精馏、冷凝、预冷、蒸发和回热过程构成了单级氨水吸收式制冷循环。

图 3-6 是一套典型的太阳能驱动的单级氨—水吸收式制冷系统，作为单级氨—水吸收

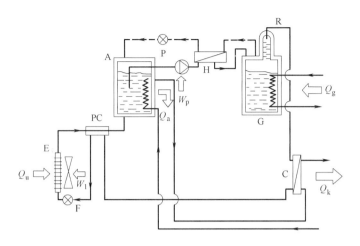

图 3-5 氨水吸收式制冷循环

A—吸收器；C—冷凝器；E—蒸发器；F—节流阀；G—发生器；

H—溶液热交换器；P—溶液泵；PC—预冷器；R—精馏器

式系统，制冷机的效率在 0.4～0.6 之间，如果采用国内市场上的真空管/热管集热器，系统的集热效率在 0.3～0.4 之间，因此这种系统的太阳能 COP 大概在 0.12～0.24 之间。

联邦德国 Dornier 公司设计的制冷系统就属于太阳能驱动的单级氨—水吸收式制冷系统[4]。图 3-7 为该制冷机的结构简图，该制冷机以氨—水作为工质对，太阳能集热器为该公司生产的高效热管式平板集热器，利用热管中的换热工质直接加热发生器中的氨—水溶液，制冷机结构布置紧凑，占地面积小。该制冷机于 1978 年安装在埃及的首都开罗进行试运行，经过一段时间的运转，证明性能良好。

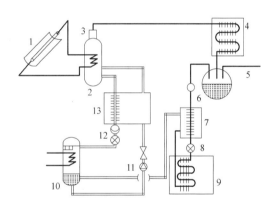

图 3-6 太阳能驱动的单级氨—水吸收馏式制冷系统

1—太阳能集热器；2—发生器；3—精馏器；4—冷凝器；

5—补液装置；6—观察窗；7—过冷器；8—膨胀阀；

9—蒸发器；10—吸收器；11—溶液泵；

12—过滤器；13—溶液热交换器

3.1.2 吸附式制冷机[5]

吸附式制冷在其研制和应用中已显示了极大的发展前景，吸附式制冷机的 COP 随着工质对和循环工况的不同而有较大的差距。但是，在相同工况下与蒸汽压缩式机组相比较，其 COP 一般偏小，约为蒸汽压缩式机组的 2/3～1/2（但它们的价格效用比是相当的）。在吸附式制冷的实现过程中，工质对的性能、机器的传热传质性能以及系统漏热等都影响 COP 的提高。

工质对的选择是吸附式制冷中最重要的因素之一，一个好的制冷系统不但要有好的循

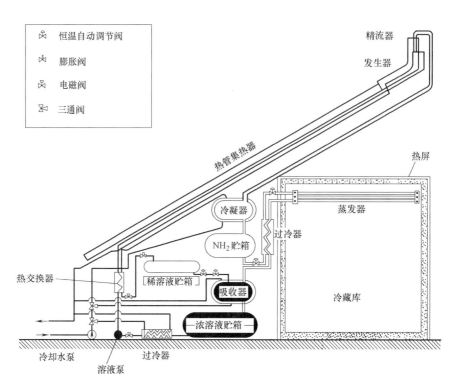

| 恒温自动调节阀 |
| 膨胀阀 |
| 电磁阀 |
| 三通阀 |

图 3-7 Dornier 公司的小型太阳能氨—水吸收式制冷机的结构简图

环方式，而且要有在工作范围内吸附性能强、吸附速度快、传热效果好的吸附剂和汽化潜热大、沸点满足要求的制冷剂。制冷机是否能适应环境要求，是否能满足工作条件，在很大程度上都取决于吸附工质对的选择。目前，在吸附式制冷系统中的常用工作对有：活性炭—甲醇、活性炭—氨、分子筛—水、硅胶—水、氯化钙—氨、氯化锶—氨等。本章将主要对采用硅胶—水、分子筛—水工质对的吸附式制冷系统进行分析介绍。

1. 硅胶—水吸附式空调系统

硅胶—水工作对适用于在 120℃ 以下的温度工作，高于 120℃ 时硅胶会被烧毁，失去吸附能力。因此，硅胶—水工作对很适合于较低温度的热源驱动，其吸附热大约为 2500kJ/kg。由于硅胶受可用温度的限制，只能在较低温度范围使用，因而要求的冷凝和冷却温度比较低。此外，硅胶的比表面积比活性炭和分子筛均小，体积较大[6]。目前，硅胶—水工作对在开式除湿冷却系统中使用较广泛。日本前川公司、东京煤气公司和上海交通大学司均有硅胶—水吸附式空调产品，在低温余热（70～80℃）回收利用中这类制冷系统具有显著优势。

如图 3-8 所示，为以硅胶—水作为工质对的吸附式空调机组，其机组内有两个板翅换热器型吸附反应器，用 55～100℃ 的热水（一般 75～95℃）作为解吸热源，吸附时冷却吸附器则采用 25～35℃ 的冷水（一般来自冷却塔的冷水，温度在 29℃ 左右），制冷机组输出 9～14℃ 的冷媒水，循环时间 5～7min。其内部的换热器布置如图 3-9 所示。表 3-2 为日本前川公司公布的样机运行参数表。

图 3-8 前川公司吸附式制冷样机

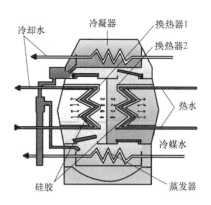

图 3-9 吸附式制冷样机内部结构示意图

吸附式制冷机参数表   表 3-2

参 数		ADR-20	ADR-30	ADR-100
热水	进出口温度(℃)	75/70	75/70	75/70
	流量(m³/h)	20	30	101
	加热量(kW)	120	180	590
冷水	进出口温度(℃)	29/33	29/33	29/33
	流量(m³/h)	41	62	205
	冷却负荷(kW)	190	290	960
冷媒水	进出口温度(℃)	14/9	14/9	14/9
	流量(m³/h)	12	18	61
	制冷量(kW)	70	106	352
COP		0.6	0.6	0.6
冷却水泵功(kW)		3.7	5.5	18
制冷剂泵功(kW)		0.3	0.3	0.6
真空泵功(kW)		0.3	0.4	0.8
主机重(ton)		7.5	11	25
主机尺寸(m×m×m)		2.4×2.1×2.8	3.1×2.2×2.8	6.3×3.1×3.5

图 3-10 为上海交通大学研制成功的一种可以采用低温位热水驱动的吸附式空调机组[7]，该冷水机组制冷量为 6～10kW。在采用 65℃热水驱动时，可以获得 6kW 制冷量，对应冷却水温为 32℃，冷媒水温为 10℃，冷水机组 COP＝0.35。如果采用 85℃热水驱动，系统可以获得 10kW 制冷量，COP＝0.4。低温位热水驱动的吸附式空调机组采用硅胶作为吸附剂，水作为制冷剂。两台吸附器结构保障了系统连续供冷，回质处理使得系统

图 3-10 上海交通大学开发的硅胶—水吸附制冷机

在 65℃ 热源驱动下也能照常运行，由于采用了分离热管的新型高效可靠的吸附制冷机专利设计，系统不需要溶液泵和喷淋换热装置也能高效运行。

这种硅胶—水吸附制冷机采用双床、双蒸发器、双冷凝器结构，分别组成两个吸附/解吸工作真空腔，每一个吸附/解吸真空腔中都有一个冷凝器、一个吸附床和一个蒸发器（水蒸发器）。每一个吸附/解吸腔实际上是一个单床吸附制冷单元，所进行的制冷循环为基本循环。为了提高系统运行的经济性和对低温热源（如 65℃ 左右热源）的适应性，在两个吸附/解吸腔的外侧装设一个回质用真空阀门，如图 3-11 所示。为了降低冷冻水系统的复杂性，并提高整个系统的运行可靠性，两个吸附/解吸真空腔通过一个重力热管复合而成的热管蒸发器紧密结合在一起，借助重力热管的单向传热特性，实现了不制冷一侧的蒸发器与制冷一侧的蒸发器及冷冻水之间的热隔离，同时实现了两个蒸发器工作的自动切换。因此，该吸附制冷机由三个真空腔组成：上部两个对称的吸附/解吸真空腔，底部为蒸发器热管工作真空腔。热管采用的工质为低蒸发潜热、较高蒸发压力特性的甲醇工质。

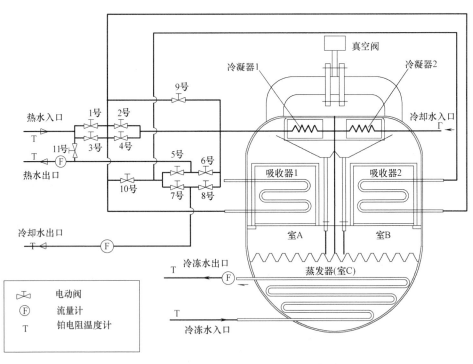

图 3-11 上海交通大学开发的硅胶—水吸附制冷机结构

2. 分子筛—水吸附式冷水系统

分子筛—水是使用比较广泛的吸附工作对。大量应用于开式除湿冷却系统和闭式的吸附制冷系统。分子筛—水工作对的分子间作用力较强，所需的解吸温度较高，吸附热也较高，大约为 3300～4200kJ/kg。

分子筛—水的性质很稳定，高温下也不会反应，适合于解吸温度较高的场合。目前在余热回收中常用于 200℃ 左右或者更高的热源能量回收。此外，由于分子筛—水系统是负压系统，传质速度慢，再加上所需解吸热及解吸温度较高，造成系统循环时间比较长；对于利用太阳能制冷，24h 的循环周期足以使系统充分吸附/解吸，同时，分子筛—水的吸附等温线随压力变化不大，能使制冷系统在较大的冷凝温度范围内冷凝而保持稳定的性能，对环境的适应能力很强，特别是太阳能制冷中夜间环境温度与蒸发温度差值较大时，分子筛—水系统的性能要好于活性炭—甲醇系统。

由于解吸温度及吸附热的关系，分子筛—水系统的性能在中低温热源区（150℃ 以下）低于活性炭—甲醇系统，但由于其安全、无毒、可适应高温范围及前述水的特点，分子筛—水系统在高温时有较高的 COP（制冷系数）和 SCP（单位质量吸附剂所输出的制冷功率），具有一定的优势。但分子筛—水工作对的蒸发温度不能低于 0℃，不能用于制冰。

3. 其他形式的吸附制冷机组

（1）活性炭—氨吸附式制冷系统

采用活性炭—氨工作对的吸附式制冷系统压力较高，如在 40℃ 的冷凝温度时，氨的对应饱和压力约为 1.6MPa。此外，氨有毒及刺激性气味，与铜材料不相容，吸附热大约为 1800～2000kJ/kg。20 世纪 90 年代以来，对新工质的开发促进了人们对活性炭—氨工作对的重新评价，越来越多的研究人员开始对活性炭—氨吸附系统进行研究。首先，压力系统中的轻微泄漏不会导致系统失效，并且与真空系统相比，压力系统相对不怕振动；其次，压力有助于传热传质，可以有效缩短循环周期，而这是此前吸附系统的主要缺点之一；第三，氨的蒸发制冷量大；第四，可以适应较高的热源温度。目前对活性炭—氨工作对的研究主要集中在吸附特性的研究和循环特性的理论分析。

英国的 Critoph 等针对采用活性炭—氨工作对的太阳能吸附式制冷装置进行了较深入的研究[8]。由于制冷剂采用氨，系统工作在较高压力环境条件下。与负压系统相比，吸附器不容易发生漏。在 20 世纪 90 年代初期，他们采用活性炭—氨工作对研制出了用于疫苗冷藏的太阳能吸附式制冷器，如图 3-12 所示。

（2）氯化锶—氨吸附式制冷系统

在化学吸附制冷系统中，以氨的络合物为主的工作对受到了人们的广泛重视，并进行了较为深入的研究。这是因为，氨的络合物对所需的驱动热源温度要求不高，而且系统在正压下运行，工程特性较易得到保证，此外这种制冷机性能较优。与物理吸附式制冷/热泵系统一样，工作对的选用同样关系到化学制冷/热泵系统的运行性能，成本及使用寿命各方面，是化学吸附制冷系统的关键。

氯化锶—氨是性能较优的工作对，经测量，$SrCl_2$ 可在 $t \leqslant 72℃$ 时进行吸附，在 $t > 72℃$ 后不再进行吸附。根据陈砺等人的研究[9]，发现 $SrCl_2$ 存在两个吸附平台，当吸附床温度低于 49℃ 时，系统开始吸附并制冷；当床层温度低于 25℃ 时，即可获得较好的吸附

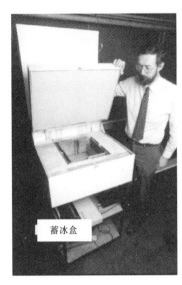

蓄冰盒

太阳能疫苗冷藏
装置全视图

集热器结构

图 3-12　用于疫苗冷藏的活性炭—氨太阳能吸附式制冷装置

效果。在试验中，1 摩尔 $SrCl_2$ 在 35℃时可以吸附 8 摩尔 NH_3；在 85℃时 $SrCl_2$ 对 NH_3 的吸附量为零，所以 $SrCl_2$ 对 NH_3 具有良好的吸附和解吸性能。

3.1.3　蒸汽压缩式制冷机

太阳能光伏制冷技术是将光伏发电技术和制冷技术结合在一起而产生的，主要是在蒸汽压缩制冷设备的基础上加以开发。光伏制冷技术有很多优点，首先，制冷负荷和太阳能电池阵列的发电功率有很好的一致性，在日照越强烈越需要制冷的时候系统所能提供的冷量越大；其次，夏季制冷尤其是空调的耗电量突增，会给电网造成很大压力，而光伏制冷系统的大规模利用则可以起到削峰作用，同时可以使用户避开在峰电时段使用高价的市电；最后，光伏制冷系统优先利用清洁的太阳能，起到了节能减排的作用。

将光伏发电系统与压缩式制冷结合便构成了太阳能压缩式制冷系统。根据光伏发电系统的形式来分类，可以分为独立系统和并网系统。一般来说，光伏制冷的独立系统主要由太阳能电池阵列、控制器、蓄电池组、逆变器和制冷设备等部分组成；并网系统主要由太阳能电池阵列、并网逆变器和制冷设备组成。各种系统的原理图如图 3-13 所示。

在不同类型的系统中共同拥有的组成部分为太阳能电池阵列。虽然目前太阳能电池已经有晶体硅电池、非晶硅薄膜电池和各种化合物电池（如砷化镓电池）等很多种，晶体硅电池组件由于转化效率较高而成为首选。在小型的太阳能光伏制冷系统中，往往只需要一块太阳能电池板，例如太阳能光伏冰箱。而应用于建筑中的某些太阳能光伏空调，由于所需电量比较大，需要将太阳能电池经过合理的串并联组成太阳能电池阵列。太阳能电池板的作用就是将太阳能转化为电能，它的发电能力除了和自身的材料有关外，还和太阳的辐照度、电池板的工作温度等有密切关系。太阳能电池板的最大发电功率随着工作温度的升高和辐照度的减小而降低，是不断变化的。

在独立光伏制冷系统中控制器起着重要作用。按照电路方式的不同分为并联型、串联型、脉宽调制型、多路控制型等。它的主要作用有：（1）防止蓄电池过充电和过放电，延

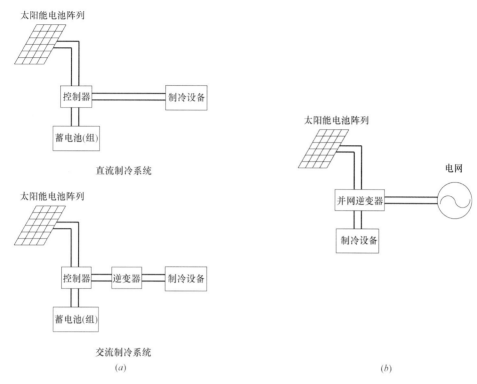

图 3-13 光伏制冷系统

(a) 独立光伏制冷系统；(b) 并网光伏制冷系统

长蓄电池的寿命；（2）光伏制冷系统内部电路故障的报警与保护，如蓄电池正负极反接、制冷设备短路等；（3）防雷击引起的击穿保护功能；（4）显示系统内部各种设备的工作状态，如蓄电池（组）电压、太阳能电池阵列功率等；（5）某些控制器具有使太阳能电池板在最大功率点工作的最大功率跟踪功能。

蓄电池（组）在独立光伏制冷系统中与太阳能阵列并联运行，共同为制冷设备提供电力。在阵列提供的电能能够满足制冷设备运行时，阵列提供全部电能，富余的电量还可以为蓄电池（组）充电；如果不能满足设备运行，蓄电池（组）提供不足部分的电能，在夜间或者阴雨天则提供全部电能。蓄电池（组）的主要作用除了储能外，还在太阳能阵列和制冷设备间起到缓冲的作用。增加蓄电池虽然导致系统更加复杂以及投资增加，但是合理的配置管理蓄电池会增强系统的效率和稳定性，甚至可以省去对最大功率跟踪器的投资[2]。独立系统中的蓄电池由于充电时间和充电电流具有随机性等原因，可能会造成蓄电池充电不足，极板硫酸盐化等故障，对其使用寿命造成影响。在光伏制冷系统中应用最广泛的是普通的铅酸蓄电池和胶体铅酸蓄电池，它们的性能比较如表 3-3 所示。

胶体蓄铅酸电池与普通铅酸蓄电池性能比较 表 3-3

比 较 项 目	胶体蓄电池	铅酸蓄电池
自放电	存放 1 年不需充电可正常使用	每存放 3～6 个月须充电 1 次，且有容量损失
20℃时正常使用寿命	设计寿命 10 年以上	3～5 年

比 较 项 目	胶体蓄电池	铅酸蓄电池
深度放电循环性能	容量可恢复至 100%	恢复状态较差
使用温度范围	$-45\sim70℃$	$-20\sim50℃$
高低温使用性能	$-40℃$ 时容量可保持在 60% 以上，70℃时仍然可以使用	以 25℃ 为基准，温度每升高 10℃，寿命缩短一半
外壳损坏后使用情况	不会有液体渗漏，可继续使用	液体泄漏后不可再使用
制造成本	高	低

独立系统中的交流系统和并网系统中也都有逆变器，但它们的作用稍有不同。独立系统中逆变器的作用是将直流电能转换为交流电能，供制冷设备使用，并具有防止蓄电池过放电的功能；而在并网系统中，制冷设备由太阳能电池阵列和电网共同供电，并网逆变器不仅要将太阳能电池阵列发出的直流电转换为交流电，还要对交流电的电压、频率、相位等进行控制，并且要解决对电网的电磁干扰、防孤岛效应以及最大功率跟踪等技术问题[10]。

制冷设备主要由压缩机、冷凝器、节流设备（膨胀阀、毛细管等）和蒸发器等组成，利用制冷剂在环路中的循环蒸发吸热。

1. 压缩机

制冷压缩机有往复式、离心式和螺杆式等形式。制冷压缩机的工作原理和总体结构与其他用途的压缩机基本相同，但根据制冷机的要求在结构上有如下特点：1）密封要求高，不允许向内和向外泄漏。因此，大、中型制冷压缩机在主轴伸出机体处均设有轴封，小型制冷压缩机则做成半封闭式或全封闭式。半封闭式压缩机通常是将机体与电动机的机壳做成一体，或将两者用法兰连接。全封闭式还只限于小型往复压缩机和滚动转子压缩机，用一个密封的钢罩壳把压缩机与电动机封闭起来，一般不进行拆修。2）氟利昂能溶于润滑油中，故常在曲轴箱的油池中装有加热器。有些螺杆压缩机和滚动转子压缩机用喷油法来实现机内密封和冷却，除喷油装置外还设有高效率的油分离器。3）压缩机吸入的是饱和蒸汽。氨气容易带液，故往复氨压缩机设有防止液击的安全盖。4）多级压缩时各级的流量不相同，故多级离心压缩机和螺杆压缩机大多设有中间补气系统，再配以省功器，借以提高制冷机的运转经济性。

2. 冷凝器

靠环境介质带走制冷剂的热量，制冷剂在其中被冷却并冷凝成液体。冷凝器分为水冷式和空气冷却式两种。1）水冷式冷凝器是应用最广的一类冷凝器，用于中、大型制冷机中。水冷式冷凝器有：壳管式，制冷剂在管外冷凝（见管壳式换热器）；套管式，制冷剂在管腔中冷凝（见套管式换热器）；喷淋式，制冷剂在管内冷凝（见蛇管式换热器）；蒸发式，制冷剂在管内冷凝，管外用水喷淋，并有空气吹过管子表面。壳管式结构较紧凑，传热效果较好，应用较为广泛。用于氟利昂制冷机的壳管式冷凝器，因氟利昂冷凝时的放热系数较小，常在管外设有翅片，以强化传热。2）空气冷却式冷凝器多用于小型氟利昂制冷机中，分为空气强迫对流式（风扇鼓风）和自然对流式两种，前者的传热效果较好。空气冷却式冷凝器均做成蛇管式，制冷剂在管内冷凝，而且在管外设有翅片。

3. 蒸发器

依靠制冷剂的蒸发直接或间接（通过载冷剂）吸取被冷却物体的热量。蒸发器可分为：冷却液体的蒸发器，用于间接冷却；冷却空气的蒸发器，用于直接冷却。冷却液体的蒸发器用来冷却载冷剂，常用的有：管壳式，制冷剂在管外蒸发；沉浸式，制冷剂在管内蒸发；干式蒸发器等。用于氟利昂制冷机的管壳式蒸发器一般在管外也设有翅片，以强化传热。干式蒸发器的结构与管壳式相似，但制冷剂在管内蒸发，可使用光管或内翅片管，传热效果好。冷却空气的蒸发器常制成蛇管式，管外套有翅片，空气在管外强制流动，制冷剂在管内蒸发。这种蒸发器与鼓风机的组合称为空气冷却器。此外，在冷藏装置（见制冷装置）中常使用空气自由对流的蛇管式蒸发器，即冷却排管。

4. 节流设备

把制冷剂液体从冷凝压力降低到蒸发压力的控制机构，它能同时控制供液量。节流设备有热力膨胀阀、毛细管等。

上海交通大学于 2009 年 10 月搭建了一个 48V 的独立光伏空调系统（交流系统），为一个 23.5m² 的房间供冷与供暖，以研究系统的匹配性能与运行特点。系统的主要参数如表 3-4 所示，图 3-14 为其系统原理图。

上海交大独立光伏空调系统参数　　　　　　　　　　表 3-4

	参数名称	数值		参数名称	数值
太阳能电池阵列	额定功率	1.92kW	蓄电池组	额定电压	48V
控制器	额定电压	48V		额定容量	200Ah
	最大电流	50A	变频空调	制冷输入功率	0.17~1.10kW
逆变器	额定电压	48V		制热输入功率	0.17~1.40kW
	额定容量	3kVA			

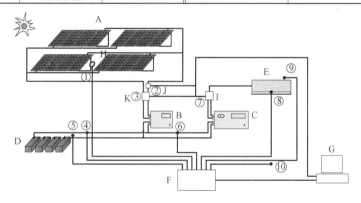

图 3-14　上海交大独立光伏空调系

A—太阳能电池阵列；B—控制器；C—逆变器；D—蓄电池组；E—变频空调；F—Keithley2700 数据采集仪；

G—电脑；H—总辐射表；I—综合电量表；J—直流电流表；K—直流电压表

3.2　除湿空调

3.2.1　固体除湿空调

1. 干燥剂材料

除湿空调性能的优劣与干燥剂材料的选择有很大关系。目前，对干燥剂材料的研究十分活跃，低成本、高性能的材料可使系统获得最优性能。干燥剂的吸附性能、耐用性和成本在一定程度上决定了干燥剂除湿系统的经济性。因此，适用于除湿系统的理想干燥剂材料应具有以下特点：

（1）物理和化学稳定性。要求干燥剂材料不发生液解（对固体干燥剂而言），循环不存在滞后现象。

（2）吸附率高，即单位质量干燥剂吸湿量要大。高吸附率可以减少干燥剂用量，从而减小设备尺寸。

（3）低水蒸气分压下具有高的吸附能力。吸湿能力在很低的水蒸气压力下不下降，可以提高处理空气的干燥度，减小风机功率的消耗。

（4）吸附（或吸收）热小。

（5）理想的吸附等温线类型。可降低再生能耗。

常用的干燥剂材料有硅胶、活性铝、天然和人造沸石、硅酸钛、合成聚合物、氯化锂、氯化钙等。

（1）活性炭

作为除湿剂，活性炭应用的历史最为悠久。活性炭属于碳类物质，它的单元晶格是由不规则组合的六炭环组成。活性炭的骨架就是由这些不规则的相互连接的晶体组成，由于这些晶体的存在，活性炭内表面积可以达到 $2000m^2/g$[11]，这是非常有利于吸收的。

（2）硅胶

硅胶是用得最为普遍的除湿剂，它又名氧化硅胶和硅酸凝胶，透明或乳白色颗粒，一般商品含水量为 $3\%\sim7\%$，它的吸附量能达到它自身重量的 40%。硅胶一般以一种无组织的形式存在，是由 SiO_2 以一种无序的空间网格组成。它的比表面积的一个代表性的值为 $600m^2/g$[12]硅胶非常容易生产：它的微孔几何结构和化学特性能够很容易更改。它能够在大多数酸性环境下工作而且没有已知的毒性。它在很大的相对湿度范围内都有吸附性，这使它常常成为第一选择的固体除湿剂。硅胶主要应用于：保护货物，干燥空气和气流，从有机液体中吸取残余的水分。强碱性物质，如氢氧化钠和氨水，可能对硅胶有害。

（3）氯化锂

氯化锂是一种化学性质非常稳定的盐。原则上，氯化锂晶体和食用盐氯化钠晶体有相似的结构，它是可利用的具有最大吸湿力的盐之一。氯化锂是一种溶解性除湿剂；它能够像固体一样吸收水蒸气，此时为化学吸收；并且在它吸收水变成液体溶液后还能继续吸收水分，此时为溶液吸收。氯化锂的吸湿行为并不由其微孔系统（物理结构）决定（微孔系统随着时间的增长会被污染物堵塞和老化），而是由其化学性质决定的。解吸同样质量的水分，氯化锂需要的解吸热大约是硅胶的 6 倍。氯化锂能够在碱性环境下运行，还能够抑制细菌在其表面生长，而且在温暖和潮湿的环境中非常适用。它对人体健康无害[13]。对氯化锂最严重的污染物是 SO_x。

（4）分子筛

分子筛为微孔晶体结构，它具有很大的比表面积和不同的微孔尺寸，它通常仅仅用于低温环境中。分子筛没有已知的毒性，但是如果暴露于高酸性和碱性的空气中，会对其性能有很大的损坏。沸石是最经常在分子筛中应用的材料，目前大约有 40 多种天然和同样多的合成沸石被发现和研制[14]。沸石能够吸收自身重量 20% 的水分[15]。分子筛的微孔

比表面积能达到 $700m^2/g^{[16]}$。

另外，基于物理吸附和化学吸附耦合作用吸湿机理的复合干燥剂材料也是目前研究的热门课题。

2. 除湿转轮

除湿转轮一般由支撑结构、附有干燥剂的转芯（特种纸或纤维材料、陶瓷等）、电机等组成，如图 3-15 所示。转芯由隔板分为两部分：处理空气侧和再生空气侧。为达到较好的传热传质效果，两侧常采用逆流布置。转芯在电机的驱动下，以一定的速度转动。转轮除湿系统有两种工作模式：除湿和焓交换。除湿模式又称为"主动除湿"，转速较低，待处理的空气流过转芯，其中的水分由于干燥剂对水的亲合力而被吸附在转芯上；在再生侧流动的、温度较高的再生空气将吸附下来的水分从转芯上解析出来。此时处理空气中水分的减少是以再生空气侧的热量消耗为代价的。当转速较高时，再生侧流动的是空调房间的回风，湿度较低，与处理侧流动的空气进行焓、湿交换后，同样可达到除湿的目的，故焓交换模式又称为"被动除湿"。以上两种工作模式的本质区别在于干燥剂的再生方法不同，即系统中是否采用再生加热器，采用了再生加热器的工作模式称为主动除湿模式，否则为被动除湿模式。此外，经过对除湿转轮的理论优化和实验验证，在一般情况下，主动除湿转轮的再生区角度应为除湿角度的 1/4，即 90°；被动除湿转轮的再生区角度应等于除湿角度，即 180°。通常转轮的转速控制在每小时 10 转左右。图 3-16 所示为典型转轮除湿机处理空气出口和再生空气出口温湿度分布情况。左上方为再生区空气温湿度分布，右下方为处理区空气温湿度分布，实际空气温湿度是整个出口区域空气温湿度的平均值。

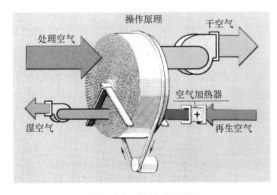

图 3-15　转轮除湿机

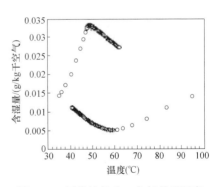

图 3-16　干燥转轮出口空气的温湿度

3. 蒸发冷却器

蒸发冷却是一项利用水蒸发吸热制冷的技术。水在空气中具有蒸发能力，在没有别的热源条件下，水与空气间的热湿交换过程是空气将显热传递给水，使空气的温度下降，而由于水的蒸发，不但空气的含湿量要增加，而且进入空气的水蒸气会带回一些汽化潜热，当这两种热量相等时，水温达到空气的湿球温度。只要空气不是饱和的，利用循环水直接（或通过填料层）喷淋空气就可获得降温的效果。在条件允许时，可以将降温后的空气作为送风以低室温，这种处理空气的方法称为蒸发冷却。

蒸发冷却是一种环保高效且经济的冷却方式。它具有较低的冷却设备成本；能大幅度降低用电量和用电高峰期对电能的要求；能减少温室气体和 CFC 的排放量。因此，蒸发冷却技术可广泛应用于居住建筑和公共建筑中的舒适性冷却，并可在传统的工业领域，如纺织厂、面粉厂、铸造车间、动力发电厂等工业建筑中提高工人的舒适性。蒸发冷却可以降低干球温度，给居住者提供一个较舒适的环境；还可通过控制干球温度和相对湿度来改善农作物的生长环境及满足生产工艺要求。

水通过喷淋的方式与交错流动的空气直接接触，在这一过程中空气将显热传递水，水获得能量进行蒸发，水蒸气带着汽化潜热进入空气流，两者热量相等。从而空气的温度降低，含湿量增加。这种通过空气与水直接接触，利用水的蒸发制取冷量的冷却方式称为直接蒸发冷却[17]。

直接蒸发冷却可以通过填料式和无填料式（喷雾式）两种方式实现。其中，填料式直接蒸发冷却将水从填料上方洒下，填料表面自上而下附着一层水膜，并在重力的作用下不断流动。在风机的驱动下空气流进填料内部，由于填料由结构和角度特殊的通道构成，气流能与其表面上的水膜进行充分接触。通常情况下，水膜中的水蒸气分压力要大于流进填料内空气中的水蒸气分压力，在此压力差的作用下水膜蒸发成水蒸气进入空气，而水的蒸发吸收空气的热量，使其温度降低。进入空气的水蒸气转化为潜热，这部分热量与水蒸发时从空气中吸收的显热量相等。

无填料式（喷雾式）直接蒸发冷却，通过喷嘴将低于室外空气干球温度的水进行雾化，使一定的空间范围充满水蒸气，这与填料式蒸发冷却中填料的作用相同。当室外空气流经该空间时与水雾发生热质交换，空气的温度降低，含湿量增加，这便是无填料式直接蒸发冷却的空气处理过程。

将直接蒸发冷却中的填料用换热器替代，向换热器表面喷水，空气与水交错流动变成逆向流动，使换热器表面发生蒸发冷却。此时，换热器内若通入空气流，空气将被冷却，但含湿量保持不变。其中，换热器外侧（湿通道）进行蒸发冷却的空气称为二次空气，而换热器内侧（干通道）的气流则称为一次空气。这种通过湿通道内一次空气的直接蒸发冷却对干通道内二次空气进行降温的冷却方式称为间接蒸发冷却。由于干通道中的一次空气未与水直接接触，因此只被冷却而含湿量保持不变，间接蒸发冷却技术可在广大中湿度地区应用。

目前，以换热器形式为区分条件的间接蒸发冷却主要包括管式、板式和热管式三种，运用较为广泛的是管式间接蒸发冷却。管式间接蒸发冷却的换热部分是一组排列方式规则或不规则的管束，水从管束的上方洒下，并在管束上形成一层水膜，二次空气由管束的底部向上横掠管束，与其表面的水膜进行热质交换（直接蒸发冷却），同时，管内流动的一次空气被管外热质交换产生的冷量冷却。有时为了增加管外直接蒸发冷却的效果，会在管束表面包裹一层亲水性强的材料，以使管外被水膜均匀地覆盖。

同理，蒸发冷却器又可以分为直接蒸发冷却器和间接蒸发冷却器。

直接蒸发冷却器主要有两种类型：一类是将直接蒸发冷却装置与风机组合在一起，成为单元式空气蒸发冷却器；另一类是将直接蒸发冷却装置设在组合式空气处理机组内作为直接蒸发冷却段。在典型的干热气候条件下，可把直接蒸发冷却器作为空调使用，将空气降温加湿至比较舒适的范围，实现对干燥环境的温湿度调节，被称为"沙漠空调"。在美国西南部一些城市以及阿拉伯半岛的国家和地区，使用这种装置有效缓解了全年的空调制冷方面的压力。直接蒸发冷却方式的主要缺点有两个：一是水分直接进入空气中，会造成空气湿度太大；二是其降温幅度受入口空气湿球温度的限制（出口温度高于湿球温度）。

克服第一个缺点的方法是采用间接蒸发冷却。所谓间接蒸发冷却就是将直接蒸发冷却和换热装置相结合，利用直接蒸发冷却器提供的低温冷湿气流作冷源对流经换热装置的工作气流进行冷却，从而避免直接对工作气流加湿。典型的间接蒸发冷却装置如图3-17所示。换热装置常用的是板式叉流气—气换热器。克服第二个缺点的方法是采用双级蒸发冷却（又称组合式蒸发冷却）。它的特点是第一级采用间接蒸发冷却，在空气湿度不增加的情况下降低工作气流湿球温度；第二级采用直接蒸发冷却，使工作气流温度进一步降低。理想情况下，采用组合式蒸发冷却，可将空气温度降低至其露点温度。图3-18所示为一种组合式蒸发冷却装置。

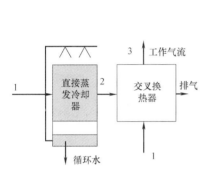

图 3-17　间接蒸发冷却装置

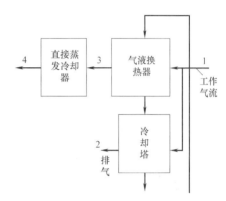

图 3-18　带冷却塔组合式蒸发冷却装置

4. 空气换热器

空气换热器是以冷热媒介进行冷却或加热空气的换热装置中的主要设备，通入高温水、蒸汽或高温导热油可以加热空气，通入盐水或低温水冷却空气，因此可以广泛用在轻工、建筑、机械、纺织、印染、电子、食品、淀粉、医药、冶金涂装等各种行业中的热风供暖、空调、冷却、冷凝、除湿、烘干等。

空气换热器一般分为三大类，分别是板式空气换热器、回转式空气换热器和管式空气换热器[18]。

（1）板式空气换热器：板式空气换热器是通过薄板进行传热的。如图3-19所示，板式空气热交换器一般由2～4个薄板焊接盒组成，而每一个薄板焊接盒则由多个薄板焊接而成。板式空气热交换器在工作时，烟气在焊接盒外侧流动，而空气在焊接盒内侧流动，

图 3-19　板式空气换热器

外侧烟气通过薄板将热量传递给内侧空气。板式空气换热器的结构紧凑，制造时需要用掉大量的钢材，故其制造成本高。板式空气换热器的箱体由钢材焊接拼装而成，在制造时焊接工作比较频繁并且缝隙较多，密封性不好。故此现有的空气换热器中板式空气换热器已经很少使用。

（2）回转式空气换热器又称储热式空气换热器，如图 3-20 所示，它是指换热器的内部设有旋转部件，利用旋转的方式使烟气与空气相互交替流经换热面的一种空气热交换器。回转式空气换热器有两个类别，分别是受热面旋转的换热器和风罩旋转的换热器。回转式空气换热器的优点是占地面积小、结构紧凑、制造成本低，空气与烟气不同时接触受热面，低温腐蚀的可能性较小，回转式空气换热器的受热面可以出现较大的磨损并且在这种情况下还可以进行正常的工作。回转式空气换热器主要缺点是其内部结构复杂，制造时工艺要求很高。

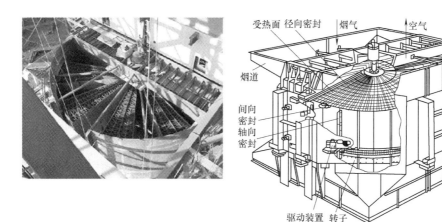

图 3-20　回转式空气换热器

（3）管式空气换热器：管式空气换热器如图 3-21 所示，它是利用换热管管壁来传热。它的类型一般为立式和卧式，换热管的排列方式为垂直交错排列。管式换热器的结构包括：管箱、导流板、密封装置、连通风罩等，管箱由钢管和上下管板焊接而成。烟气在换热管内部上下流动，空气在换热管外部横向流动，烟气的热量通过管壁传递给空气。管式空气换热器的优点有：结构简单、制造方便、安装容易、密封性好，多用于电站和工业炉窑中。它的缺点是换热效率低、占地空间大、空气进口处易发生低温腐蚀。

图 3-21　管式空气换热器

5. 除湿换热器

提高干燥剂除湿装置的除湿性能和降低成本是干燥剂除湿技术应用和推广的关键，而解决吸附热问题是提高除湿性能和降低运行成本的前提条件。为了解决吸附热使干燥剂的温度升高而导致干燥剂吸收水分的能力下降的问题，除湿换热器采用在管内通以冷却水的方法来解决干燥剂的吸附热问题。此类除湿器在消除吸附热方面与转轮除湿器相比，吸附热抑制作用是明显的。

除湿换热器结构如图 3-22 所示，其结构形式和换热原理类似于翅片管式换热器[19]。除湿换热器金属结构为铜管和铝翅片，干燥剂通过胶粘剂均匀地涂布在铜管外表面以及翅片表面，空气流在此侧与干燥剂进行热质交换，而冷却水/热水在铜管内流动，图 3-23 为除湿换热器局部结构示意图。

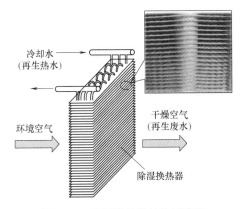

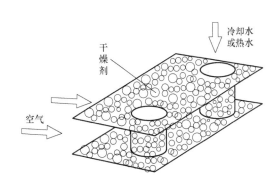

图 3-22　除湿换热器结构示意图　　　　图 3-23　除湿换热器局部结构示意图

此类除湿换热器具有加工容易、成本低廉、易于安装等特点，同时能够用作冷却换热器，在对处理空气进行除湿的同时，还能起到降温的作用。最突出的特点是，它采用在除湿器管侧通以冷却水的办法对工作气流流道进行冷却/加热，这种办法可以提高空气处理通道的换热效果。在除湿阶段，在管内通以冷却水能对干燥剂降温，快速带走干燥剂吸湿时放出的吸附热，实现等温除湿过程；在再生阶段，采用热水对干燥剂快速再生，降低运行费用。

3.2.2 溶液除湿空调

1. 除湿溶液

除湿液体是溶液除湿中最重要的组成之一，对整个除湿装置的性能影响非常大。理想的除湿溶液应具有较好的物理和化学稳定性、吸收率高、腐蚀性低、无毒、导热系数高并且价格合适，而且在选定的浓度和工作温度范围内不发生结晶。氯化锂、氯化钙溶液及三甘醇是最常用的除湿溶液。表 3-5 示出了几种液体干燥剂的性能。

常用的液体干燥剂及其性能　　　　　　　　　　　　　　　　　　表 3-5

除湿溶液	常用露点（℃）	浓度（%）	毒性	腐蚀性	稳定性	主要用途	备　注
氯化钙水溶液	−3～−1	40～50	无	中	稳定	城市煤气除湿	—

除湿溶液	常用露点（℃）	浓度（%）	毒性	腐蚀性	稳定性	主要用途	备注
二甘醇	−15～−10	70～95	无	小	稳定	一般气体的除湿	沸点245℃，用简单的分馏装置就能再生，再生温度150℃，损失量很少
丙三醇溶液，无水	（3～6）～−15	（10～80）～100	无	小	高温下氧化分解	工业气体的干燥	在真空条件下蒸发再生，只需要很少的加热负荷
三甘醇	−15～−10	70～95	无	小	稳定	空调，一般气体的除湿	沸点238℃，有挥发性，无腐蚀性，用于空调除湿
氯化锂水溶液	−10～−4	30～40	无	中	稳定	空调，杀菌低温干燥	沸点高，在低浓度时吸湿性大，再生容易，黏度小，使用范围广泛

2. 溶液除湿器

根据是否对除湿过程进行冷却，除湿器可以分为两大类：绝热型除湿器和内冷型除湿器。绝热型除湿器是指在空气和液体除湿剂的流动接触中完成除湿。除湿器与外界的热传递很小，可以忽略，除湿过程可近似看成绝热过程。内冷型除湿器指在空气和液体除湿剂之间进行除湿的同时，被外加的冷源（如：冷却水或冷却空气等）所冷却，籍以带走除湿过程中所产生的潜热（水蒸气液化所放出的潜热）。该除湿过程近似于等温。

图3-24给出了一种绝热型除湿器的结构形式。从中可以看到，经过换热器被预先冷却的除湿剂溶液从除湿器顶部喷洒而下，在填料塔内的填料层上以均匀薄膜的形式缓缓下流，被处理的空气在塔内从左向右流动，在塔内与除湿溶液发生热质交换。

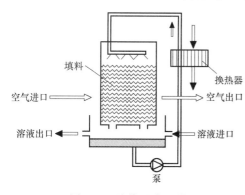

图3-24 绝热型除湿器

图3-25（a）是一种水冷型除湿器。除湿剂溶液从除湿器上部沿着填料往下流动，液体分布器使得除湿剂溶液均布于填料层上，被处理的空气从左往右流动，在填料层上与溶液发生热质交换。而冷却水管埋在填料（散装，归整）内部，这样湿空气内的水蒸气液化所产生的潜热会被冷却水带走。同样，图3-25（b）给出了另外一种结构的内冷除湿器，溶液被喷洒撒在冷却盘管上与处理空气进行热质交换，同时空气中水蒸气溶解在除湿剂所释放出热量被冷却盘管中的水所带走，该装置冷却效果很好，但是作为填料的冷却盘管比表面积明显小于同体积的散装和归整填料。

图3-25（c）是交叉流型板式内冷除湿器图。如图中所示，被处理的空气在平板的一侧与除湿剂溶液直接接触从而被除湿，同时从空调室出来的回风与水在平板的另一侧直接接触发生热质交换，带走主流空气侧在除湿过程中所产生的潜热。从图中可以看出，平板两侧的流体是以交叉流的形式流动的，所以这种除湿器被称为交叉流型内冷除湿器。

绝热型除湿器最大的优点是单位体积的换热面积（比表面积）大，能处理较大流量的

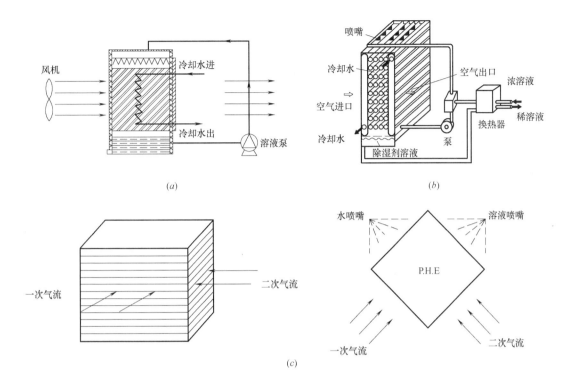

图 3-25 内冷型除湿器
(a) 内冷 1；(b) 内冷 2；(c) 叉流板式内冷除湿器

湿空气，并且结构简单紧凑。然而绝热除湿是一个升温降湿过程，这是因为除湿过程产生的热量被空气和溶液自身吸收而成为显热。而溶液温度升高后会使溶液表面的水蒸气分压力也升高，导致传质平均压差减小，不利于除湿。为了增强除湿效果，则需要降低除湿过程的温升，必然要求加大除湿溶液质量流量，这一方面会导致溶液的耗费增加，另一方面会使除湿器进口的溶液浓度相差很小，蓄能能力弱，不利于储能和再生。

绝热型除湿器的另一缺点是被处理空气在除湿器内的压损较大，其原因是：(1) 加湿器本身的结构所带来的；(2) 填料对空气所产生的阻力，这个问题能通过优化加湿器的结构和采用新型填料解决。

水冷型除湿器属于内冷型除湿器，有很强的蓄能能力，适用于有蓄能要求的空调系统。内冷型除湿器蓄能的大小可以通过单位体积溶液在吸湿过程中从湿空气中所吸收的水蒸气的焓值来表示。内冷型除湿器比绝热型除湿器所需的除湿溶液流量小，除湿溶液进出口的浓度差大，因此蓄能能力强，水冷型除湿器用冷却水作为冷源，由于水的对流换热系数较高并且容易获得，所以水冷型除湿器是内冷型除湿器中较常用的一种。其主要的缺点是比表面积相对较小，且结构比绝热型除湿器复杂。

交叉流型板式内冷除湿器除了与上述水冷型除湿器有相同的优缺点外，其特点是：使经过除湿器处理过的回风与经除湿器除湿后的新风混合后再进行处理以满足送风要求，由于从室内出来的回风温度、湿度较低，用它与冷却水接触起到了间接蒸发器的作用，吸收除湿过程中所产生的潜热，节约了能源，是一种更为经济的内冷型除湿器。然而，因为要处理室内回风，其结构更趋复杂。

3. 再生器

除湿器和再生器是溶液除湿系统中最重要的传热传质设备，空气在除湿器中被除湿，空气中的水分被除湿溶液吸收，除湿溶液的浓度下降，需要再生才能重新具有吸湿能力，并循环使用[20]。除湿和再生过程的原理基本上是一致的，都是利用空气与溶液之间的水蒸气分压力差作为传质驱动力，两者之间的温差作为传热驱动力，所不同的是传热传质的方向问题。

（1）根据是否采用内部热源为划分依据，可以将再生器分为绝热型再生器和内热型再生器。

1）填料塔式是绝热型再生器普遍采用的形式，浓度较低的稀溶液从塔顶通过布液器喷淋下来，在填料的表面上形成液膜，再生空气以逆流（叉流、顺流）的方式通过填料塔，其中以顺流再生效果最差，再生空气与填料表面的液膜接触进行热质交换，溶液中的水蒸气分压力大于空气中的水蒸气分压力，所以再生空气带走溶液中的水分，溶液浓度得到提高。填料塔结构简单，传热传质面积大，但由于溶液再生过程中，空气带走大量的热量，使得溶液再生效率下降。绝热型再生器存在一个不足是当再生溶液通过填料材料的时候压力降较大。绝热型再生器如图 3-26（a）所示。

2）在绝热型再生器中，在水蒸气被再生空气带走的过程中，溶液温度有所下降，影响了再生性能。因此，内热型再生器就是通过补充溶液再生过程中被空气带走的热量，使溶液再生过程近似于等温过程。溶液温度始终保持在较高的条件下，使得溶液表面的水蒸气分压力始终大于空气中的水蒸气分压力，保持水分从再生溶液向空气中传递。内热型再生器如图 3-26（b）所示。

（2）以是否采用中间介质为划分依据，将再生器分为溶液直接加热式和溶液间接加热式。

溶液直接加热式是不经过中间载热体换热，而是通过热源直接将溶液加热，这样能够提高热源的利用效率，例如将太阳能集热器直接作为再生器构成的集热再生器，如图3-27所示。间接加热式再生器即热源首先加热载热介质，然后将载热介质与溶液在换热器中进行热交换，这种方式会消耗掉一部分热量，热量利用率比直接加热式要低，图 3-26（b）所示即为间接加热式。

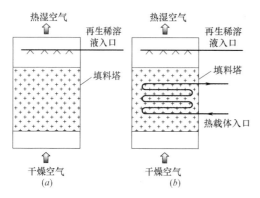

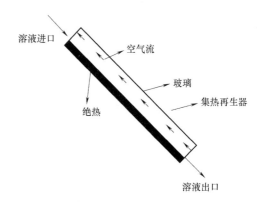

图 3-26　绝热型和内热型再生器结构图
（a）绝热型；（b）内热型

图 3-27　太阳能集热再生器

（3）根据再生方式的不同，可以将溶液再生分为空气式和沸腾式两种。

以上这些也都可以归类为空气式再生器，全部依靠空气带走溶液中的热量和水蒸气，使溶液再生。空气式再生器受再生空气状态影响较大，如对新风除湿，室外空气湿度较大，湿负荷增大，若用室外空气作为再生空气，则溶液再生过程中传质驱动力减小，使溶液除湿空调性能降低，影响其使用。

沸腾式溶液再生器则不受再生空气状态的影响，溶液加热至沸腾，使部分水分蒸发，溶液浓缩变成浓溶液，从而达到再生的目的，而且蒸发出来的水蒸气可以进行回收再利用。

3.2.3 其他部件

1. 冷却塔

冷却塔是用水作为循环冷却剂，从系统中吸收热量排放至大气中，以降低水温的装置。其实是利用水与空气流动接触后进行冷热交换产生蒸汽，蒸汽挥发带走热量达到蒸发散热、对流传热和辐射传热等原理来散去工业上或制冷空调中产生的余热来降低水温的蒸发散热装置，以保证系统的正常运行，装置一般为桶状，故名为冷却塔。

冷却塔主要应用于空调冷却系统、冷冻系列、注塑、制革、发泡、发电、汽轮机、铝型材加工、空压机、工业水冷却等领域，应用最多的为空调冷却、冷冻、塑胶化工行业。具体划分如下：

（1）空气室温调节类：空调设备、冷库、冷藏室、冷冻、冷暖空调等；

（2）制造业及加工类：食品业、药业、金属铸造、塑胶业、橡胶业、纺织业、钢铁厂、化学品业、石化制品类等；

（3）机械运转降温类：发电机、汽轮机、空压机、油压机、引擎等；

（4）其他类行业。

冷却塔的作用是将携带废热的冷却水在塔体内部与空气进行热交换，使废热传输给空气并散入大气中。

根据不同的分类方式，冷却塔又可以分为不同的类型。具体如下：

按通风方式分为：自然通风冷却塔；机械通风冷却塔；混合通风冷却塔；

按水和空气的接触方式分：湿式冷却塔；干式冷却塔；干湿式冷却塔；

按热水和空气的流动方向分：逆流式冷却塔；横流（直交流）式冷却塔；混流式冷却塔；

按应用领域分：工业型冷却塔；空调型冷却塔；

按噪声级别分：普通型冷却塔；低噪型冷却塔；超低噪型冷却塔；超静音型冷却塔；

按形状分：圆形冷却塔；方形冷却塔；

按水和空气是否直接接触分：开式冷却塔；闭式冷却塔（也称封闭式冷却塔、密闭式冷却塔）；

其他形式冷却塔，如喷流式冷却塔、无风机冷却塔等。

2. 风机、水泵和其他附件

风机是我国对气体压缩和气体输送机械的习惯简称，通常所说的风机包括：通风机、鼓风机、风力发电机。气体压缩和气体输送机械是把旋转的机械能转换为气体压力能和动能，并将气体输送出去的机械。

风机广泛用于工厂、矿井、隧道、冷却塔、车辆、船舶和建筑物的通风、排尘和冷却；锅炉和工业炉窑的通风和引风；空气调节设备和家用电器设备中的冷却和通风；谷物的烘干和选送；风洞风源和气垫船的充气和推进等。风机的工作原理与透平压缩机基本相同，只是由于气体流速较低，压力变化不大，一般不需要考虑气体比容的变化，即把气体作为不可压缩流体处理。

风机的主要结构部件是叶轮、机壳、进风口、支架、电机、皮带轮、联轴器、消声器、传动件（轴承）等。

风机关系到系统的输配能耗，是建筑节能非常关键的部分。国家空调设备质量监督检验中心多年风机检测表明很多风机在额定工况下都存在问题，因此需要严格按照产品标准要求生产和制造风机。

风机刚开始工作时轴承部位的振动很小，但是随着运转时间的加长，风机内粉尘会不均匀地附着在叶轮上，逐渐破坏风机的动平衡，使轴承振动逐渐加大，一旦振动达到风机允许的最大值 11mm/s 时（用振幅值表示的最大允许值如下），风机必须停机修理（清除粉尘堆积，重做动平衡）。因为这时已是非常危险的，用户千万不可强行使用。在风机振动接近危险值时，有测振仪表的会报警。

风机的轴承温度正常时为≤70℃，如果一旦升高到 70℃，有电控的应（会）报警。此时应查找原因，首先检查冷却水是否正常，轴承油位是否正常。如果一时找不到原因，轴承温度迅速上升到 90℃，有电控的应（会）再次发出报警、停车信号。

风机开车、停车或运转过程中，如发现不正常现象应立即进行检查，检查发现的小故障应及时查明原因设法消除。如发现大故障（如风机剧烈振动、撞击、轴承温度升剧烈上升等），应立即停车进行检查。

风机首次运行一个月后，应重新更新更换润滑油（或脂），以后除每次拆修后应更换外，正常情况下 1～2 月更换一次润滑油（或脂），也可根据实际情况更换润滑油（或脂）。

风机包括通风机、透平鼓风机、罗茨鼓风机和透平压缩机，详细划分包括离心式压缩机、轴流式压缩机、离心式鼓风机、罗茨鼓风机、离心式通风机、轴流式通风机和叶氏鼓风机等 7 大类。

风机的性能参数主要有流量、压力、功率、效率和转速。另外，噪声和振动的大小也是主要的风机设计指标。流量也称风量，以单位时间内流经风机的气体体积表示；压力也称风压，是指气体在风机内压力升高值，有静压、动压和全压之分；功率是指风机的输入功率，即轴功率。风机有效功率与轴功率之比称为效率。风机全压效率可达 90%。

水泵是输送液体或使液体增压的机械。它将原动机的机械能或其他外部能量传送给液体，使液体能量增加，主要用来输送液体包括水、油、酸碱液、乳化液、悬乳液和液态金属等，也可输送液体、气体混合物以及含悬浮固体物的液体。衡量水泵性能的技术参数有流量、吸程、扬程、轴功率、水功率、效率等；根据不同的工作原理可分为容积水泵、叶片泵等类型。容积泵是利用其工作室容积的变化来传递能量；叶片泵是利用回转叶片与水的相互作用来传递能量，有离心泵、轴流泵和混流泵等类型。

（1）离心泵

1）离心泵的工作原理

水泵开动前，先将泵和进水管灌满水，水泵运转后，在叶轮高速旋转而产生的离心力的作用下，叶轮流道里的水被甩向四周，压入蜗壳，叶轮入口形成真空，水池的水在外界大气压力下沿吸水管被吸入补充了这个空间。继而吸入的水又被叶轮甩出经蜗壳而进入出水管。由此可见，若离心泵叶轮不断旋转，则可连续吸水、压水，水便可源源不断地从低处扬到高处或远方。综上所述，离心泵是由于在叶轮的高速旋转所产生的离心力的作用下，将水提向高处的，故称离心泵。

2）离心泵的一般特点

① 水沿离心泵的流经方向是沿叶轮的轴向吸入，垂直于轴向流出，即进出水流方向互成 $90°$。

② 由于离心泵靠叶轮进口形成真空吸水，因此在起动前必须向泵内和吸水管内灌注引水，或用真空泵抽气，以排出空气形成真空，而且泵壳和吸水管路必须严格密封，不得漏气，否则形不成真空，也就吸不上水来。

③ 由于叶轮进口不可能形成绝对真空，因此离心泵吸水高度不能超过 10m，加上水流经吸水管路带来的沿程损失，实际允许安装高度（水泵轴线距吸入水面的高度）远小于10m。如安装过高，则不吸水；此外，由于山区比平原大气压力低，因此同一台水泵在山区，特别是在高山区安装时，其安装高度应降低，否则也不能吸上水来。

（2）轴流泵

1）轴流泵的工作原理

轴流泵与离心泵的工作原理不同，它主要是利用叶轮的高速旋转所产生的推力提水。轴流泵叶片旋转时对水所产生的升力，可把水从下方推到上方。

2）轴流泵的一般特点

轴流泵的叶片一般浸没在被吸水源的水池中。由于叶轮高速旋转，在叶片产生的升力作用下，连续不断地将水向上推压，使水沿出水管流出。叶轮不断旋转，水也就被连续压送到高处。

（3）混流泵

1）混流泵的工作原理

由于混流泵的叶轮形状介于离心泵叶轮和轴流泵叶轮之间，因此，混流泵的工作原理既有离心力又有升力，靠两者的综合作用，水则与轴组成一定角度流出叶轮，通过蜗壳室和管路把水提向高处。

2）混流泵的一般特点

① 混流泵与离心泵相比，扬程较低，流量较大，与轴流泵相比，扬程较高，流量较低。适用于平原、湖区排灌。

② 水沿混流泵的流经方向与叶轮轴成一定角度而吸入和流出的，故又称斜流泵。

3. 蓄冷

蓄冷空调的原理是[21]：在低峰用电时，利用蓄冷介质的显热或相变潜热将制冷系统产生的冷量储存起来，在高峰用电时，把储存的冷量释放出来以满足建筑物的空调需要。显热储存是利用蓄冷介质的高热容和热导率通过降低自身的温度进行蓄冷，常用显热蓄冷介质有水和盐水；相变潜热储存是利用蓄冷介质的相变来蓄冷，常用相变潜热蓄冷介质有冰、共晶盐水化合物等相变物质。由于物质的相变潜热比显热大得多，具有更高的蓄能密度，因此，在目前的空调蓄冷技术应用中，采用的形式多为相变潜热蓄冷，而冰蓄冷是潜热蓄冷中研究最为广泛的。冰蓄冷系统分盘管外蓄冰系统、封装冰蓄冷系统、冰片滑落式动态蓄冷系统和冰晶式蓄冷系统。以上几种系统在制冰过程中都是制冷剂或载冷剂通过换热盘管与蓄冷介质水间接接触进行换热，换热盘管的存在不但使蓄冷器的结构复杂，成本较高，而且在载冷剂和蓄冷介质的换热过程中会引起附加热阻；在使用载冷剂的系统中，要经过两次换热才能实现蓄冰过程，使整个系统的换热效率降低。此外，由于冰的相变温度低，过冷度较大，使得制冷机组的蒸发温度降低（通常蒸发温度为－10～－5℃），其制冷系数与常规空调工况相比大为减小。由于制冰工况和空调工况相差较大，所以将现有的常规空调系统改造为冰蓄冷空调系统难度较大。因此，研究常规空调工况使用的相变蓄冷介质提高系统换热效率具有重要的意义。

把直接接触式换热应用于常规空调工况的蓄冷系统，使载冷剂与蓄冷介质直接接触进行换热，从而使两种工质之间的传热温差可以适当降低，进而使整个系统的效率得到提高，达到节能降耗的目的。把直接接触式换热应用于常规空调工况的蓄冷系统中，与其他蓄冷系统相比具有如下优点：

（1）由于水与蓄冷介质直接接触，避免了两种工质之间的传热过程中由换热盘管引起的热阻，因此可提高传热效率；

（2）蓄冷器中不存在换热盘管，不但使蓄冷器的结构简单，体积减小，而且节省材料，降低成本；

（3）由于不存在换热盘管，因此可避免盘管结垢引起的热阻阻碍换热效果和盘管腐蚀，使设备维护工作减少。

蓄冷器是一种回热式热交换器，在低温循环中，它与热交换器的功能相同，即通过热量的交换，达到积蓄冷量的目的。蓄冷器只有一个通道。冷、热流体分别交替通过，它的传热过程在时间上分为加热与冷却两个阶段。在加热阶段，热流体通过蓄冷器，使蓄冷器中填料被加热，同时流体被冷却；在冷却阶段，冷流体反向通过蓄冷器，使蓄冷器填料被冷却而流体被加热，由于它在冷却热流体的过程会产生低温的物理吸附，使流体得到纯化。它的填料可用铜丝绒、不锈钢丝绒、小铅丸、铝矾及硫化铈等。它的比表面积可达 $3000～6000m^2/m^3$，热交换的效率可达 99%，流阻小，流体经过时的压降也小，在液化器和气体制冷机中被广泛使用。

本章参考文献

[1] 王如竹，丁国良，吴静怡，连之伟，谷波 编. 制冷原理与技术. 北京：科学出版社，2003.

[2] 陈光明，陈国邦 主编. 制冷与低温原理. 北京：机械工业出版社，2000.

[3] 戴永庆 主编. 溴化锂吸收式制冷空调技术实用手册. 北京：机械工业出版社，1999.

[4] R. Hause. Solar Cooling Plant, Intermediate Report. Dornier System GmbH, 1979.

[5] 王如竹，吴静怡，代彦军，王文，姜周曙 著. 吸附式制冷. 北京：机械工业出版社，2002.

[6] Soon-Haeng Cho, Jong-Nam Kim. Modeling of a Silica Gel/water Adsorption cooling system. Energy，1992，17（9）：829-839.

[7] 夏再忠，王如竹，吴静怡，王德昌. 采用分离热管的新型高效可靠的吸附制冷机. 专利申请号：200410025398. 0. 2003.

[8] Critoph RE. Laboratory testing of an ammonia carbon solar refrigerator. In：Proc. of Solar World

Congress（ISES），1993.

［9］ 陈砺，方利国，谭盈科. 氯化锶-氨吸附制冷性能的实验研究. 太阳能学报，2002，23（4）：422-426.

［10］ 李钟实. 太阳能光伏发电系统设计施工与维护. 北京：人民邮电出版社，2010.

［11］ R. F. Babus，Haq，H. Olsen & S. D. Probert. Feasibility of Using an Integrated Small-Scale CHP Unit plus Desiccant Wheel in a Leisure Complex. Applied Energy，1996，53：179-192.

［12］ 董代富. 正确使用干燥剂硅胶. 感光材料，1996，（5）：57.

［13］ Oscik，J. Adsorption，ed. I. L. Cooper. Ellis Horwood. Chichester，UK，1982.

［14］ Hines，A. L.，Ghosh，T. K.，Loyalka，S. K. et al. Indoor Air：Quality and Control. PTR Prentice Hall，New Jersey，1993.

［15］ Brundrett，G. W.. Handbook of Dehumidification Technology. Butterworths，London，1987.

［16］ 薛殿华. 空气调节. 北京：清华大学出版社，1997.

［17］ 郑宗达. 直接蒸发冷却器传热温度场模拟与试验研究. 兰州：兰州交通大学，2014.

［18］ 王昱博. 高温烟气余热回收空气换热器传热特性研究. 包头：内蒙古科技大学，2014.

［19］ 彭作战. 再生式除湿换热器除湿性能研究. 上海：上海交通大学，2010.

［20］ 王敏. 溶液除湿空调系统再生器性能研究. 天津：天津商业大学，2014.

［21］ 高霞. 常规空调用直接接触式蓄冷器蓄释冷过程的特性研究. 哈尔滨：哈尔滨商业大学，2013.

第4章 太阳能空调系统与末端

4.1 太阳能空调风系统

4.1.1 风管

风管,是用于空气输送和分布的管道系统,有复合风管和无机风管两种。风管可按截面形状和材质分类。按截面形状,风管可分为圆形风管、矩形风管、扁圆风管等多种,其中圆形风管阻力最小,但高度尺寸最大,制作复杂。所以应用以矩形风管为主。按材质,风管可分为金属风管、复合风管、高分子风管。其中金属风管就是用各种金属材料制作的风管,常用的包括镀锌铁皮和不锈钢等。复合风管由各种无机材料复合而成,按组成不同分为多种,但多为轻质、多孔、热阻大的材料。

镀锌铁皮风管适合大尺寸加工,机械加工方便,但小尺寸时由于不方便采用机械设备,因此加工周期长,速度慢。另外,镀锌铁皮风管施工时不好控制安装精度;大小通等配件不易制作;安装难度大,对施工人员的要求高。

复合材料风管一般采用手工施工,不需要专门的加工设备。采用复合材料现场制作大小通、弯头等配件也非常方便,因此施工速度快,且对施工人员的要求也相对降低。另外,复合材料风管对安装精度的要求也相对较低,这又可以提高风管的安装速度。复合材料风管包括酚醛泡沫、聚氨酯泡沫、玻璃纤维等几种。与其他复合材料风管相比,酚醛泡沫铝箔复合风管具有绝热性能好、环保、健康、防火性能可达到不燃A级等优点,在国外得到了大量的应用。

4.1.2 风口

风口是空调系统中用于送风和回风的末端设备,是一种空气分配设备。送风口将制冷或者加热后的空气送到室内,而回风口则将室内污浊的空气吸回去,两者形成一整个空气循环,在保证室内制冷供暖效果的同时,也保证了室内空气的制冷及舒适度。

送风口以安装的位置分,有侧送风口、顶送风口(向下送)、地面风口(向上送);按送出气流的流动状况分为扩散型风口、轴向型风口和孔板送风。扩散型风口具有较大的诱导室内空气的作用,送风温度衰减快,但射程较短;轴向型风口诱导室内气流的作用小,空气温度、速度的衰减慢,射程远;孔板送风口是在平板上满布小孔的送风口,速度分市均匀,衰减快。

图4-1为两种常用的活动百叶风口,通常安装在侧墙上用作侧送风口。双层百叶风口有两层可调节角度的活动百叶,短叶片用于调节送风气流的扩散角,也可用于改变气流的方向,而调节长叶片可以使送风气流贴附顶棚或下倾一定角度(当送热风时);单层百叶风口只有一层可调节角度的活动百叶。双层百叶风口中外层叶片或单层百叶风口的叶片可以平行长边,也可以平行短边,由设计者选择。这两种风口也常用作回风口。

图 4-2 为用于远程送风的喷口，它属于轴向型风口，送风气流诱导室内风量少，可以送较远的距离，射程（末端速度 0.5m/s 处）一般可达到 10～30m，甚至更远。通常在大空间（如体育馆、候机大厅）小用作侧送风口；送热风时可用作顶送风口。如风口既送冷风又送热风，应选用可调角喷口［见图 4-2（b）］。可调角喷口的喷嘴镶嵌在球形壳中，该球形壳（与喷嘴）在风口的外壳中可转动，最大转动角度为 30°，可用人工调节，也可通过电动或气动执行器调节。在送冷风时，风口水平或上倾；送热风时，风口下倾。

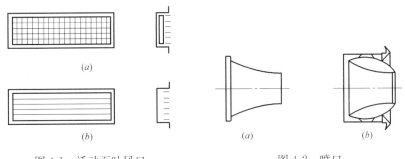

图 4-1 活动百叶风口　　　　　　　　图 4-2 喷口
(a) 双层百叶风口；(b) 单层百叶风口　　(a) 固定式喷口；(b) 可调角度喷口

图 4-3 为三种比较典型的散流器，直接装于顶棚上，是顶送风口。图 4-3（a）为平送流型的方形散流器，有多层同心的平行导向叶片，使空气流出后贴附于顶棚流动。样本中送风射程指散流器中心到末端速度为 0.5m/s 的水平距离。这种类型的散流器也可以做成矩形。方形或矩形散流器可以是四面出风、三面出风、两面出风和一面出风。平送流型的圆形散流器与方形散流器相类似。平送流型散流器适宜用于送冷风。图 4-3（b）是下送流型的圆形散流器，又称为流线型散流器。叶片间的竖向间距是可调的。增大叶片间的竖向间距，可以使气流边界与中心线的夹角减小。这类散流器送风气流夹角一般为 20°～30°。因此在散流器下方形成向下的气流。图 4-3（c）为圆盘型散流器，射流以 45° 夹角喷出，流型介于平送与下送之间，适宜于送冷、热风。各类散流器的规格都按颈部尺寸 $A \times B$ 或直径 D 来标定。

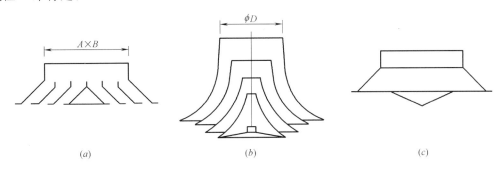

图 4-3 方形和圆形散流器
(a) 平送流型方形散流器；(b) 下送流型的圆形散流器；(c) 圆盘型散流器

图 4-4 为可调式条形散流器，条缝宽 19mm，长为 500～3000mm，可根据需要选用。调节叶片的位置，可以使散流器的出风方向改变或关闭，如图中所示，也可以多组组合（2、3、4 组）在一起。条形散流器用作顶送风口，也可以用于侧送。

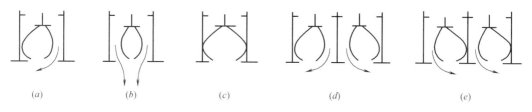

图 4-4 可调式条形散流器

(*a*) 左出风；(*b*) 下送风；(*c*) 关闭；(*d*) 多组左右出风；(*e*) 多组右出风

图 4-5 为固定叶片条形散流器。这种条形散流器的颈宽为 50～150mm，长为 500～3000mm。根据叶片形状可以有三种流型。这种条形散流器可以用作顶送、侧送和地板送风。

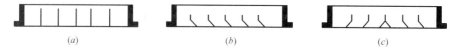

图 4-5 固定叶片条形散流器

(*a*) 直流式；(*b*) 单侧流；(*c*) 双侧流

图 4-6 为旋流式风口，其中图 4-6 (*a*) 是顶送式风口。风口中有起旋器，空气通过风口后成为旋流气流，并贴附于顶棚流动。具有诱导室内空气能力大、温度和风速衰减快的特点。适宜在送风温差大、层高低的空间中应用。旋流式风口的起旋器位置可以上下调节。当起旋器下移时，可使气流变为吹出型。图 4-6 (*b*) 是用于地板送风的旋流式风口，它的工作原理与顶送形式相同。

图 4-7 为置换送风口。风口靠墙置于地上，风口的周边开有条缝，空气以很低的速度送出，诱导室内空气的能力很低，从而形成置换送风的流型。图示的风口在 180°范围内送风，另外有在 90°范围内送风（置于墙角处）和 360°范围内送风的风口。风口的高度为500～1000mm。

房间内的回风口在其周围造成一个汇流的流场，风速的衰减很快，它对房间的气流影

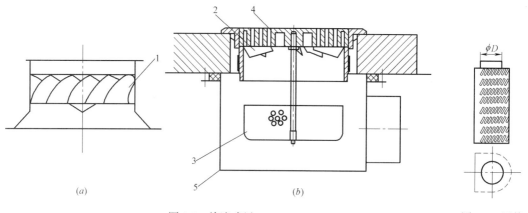

图 4-6 旋流式风口

(*a*) 顶送型旋流风口；(*b*) 地板送风旋流风口

图 4-7 置换
送风风口

1—起旋器；2—旋流叶片；3—集尘箱；4—出风格栅；5—静压箱

响相对于送风口来说比较小，因此风口的形式也比较简单。上述的送风口中的活动百叶风口、固定叶片风口等都可以用作回风口。也可用铝网或钢网做成回风口。图4-8中示出了两种专用于回风的风口。图4-8 (a) 是格栅式风口，风口内用薄板隔成小方格，流通面积大，外形美观。图4-8 (b) 为可开式百叶风口。百叶风口可绕铰链转动，便于在风口内装卸过滤器。适宜用作顶棚回风的风口，以减少灰尘进入回风顶棚。还有一种固定百叶回风口，外形与可开式百叶风口相近，区别是其不可开启，这种风口也是一种常用的回风口。

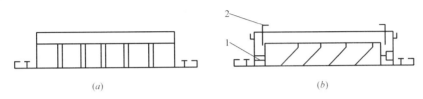

图 4-8　回风口
(a) 格栅式回风口；(b) 可开式百叶回风口
1—铰链；2—过滤器挂钩

送风口、回风口的形式很多，上面只介绍了几种比较典型、常用的风口，其他形式风口可参阅有关生产厂的样本或手册。

一般市面上出风口主要为ABS塑料和铝合金风口，有时为了装潢的效果需要，有定制的木质风口。ABS塑料风口的凝点比较高，不易结冷凝水，价格相对较高。而铝合金风口容易结冷凝水，价格相对较低。

风口的大小取决于室内机容量的大小，如果出风口过大，风管过长，则气流速度就会下降，从而影响空调使用效果；如果出风口选择过小，则气流速度会变大，从而导致风直吹人体上引起的不适感，还有可能导致噪声过大。

安装也是空调风口非常重要的一个环节，一般来讲风口要提前安装，即封面还没刷漆的时候就要安装，这样就算弄花了墙面问题也不大，还有就是百叶与墙面之间必然有一定的缝，装好了出风口，再刷漆，能将里面的缝隙填满，这样才能做到一体化。

风口安装注意事项有：

（1）在空调出风口处最好不要设置灯槽，很容易阻挡热气流到达人员活动区域，影响制热效果。

（2）根据经验和试验数据得出，冬季制热时横百叶调整为45°，为最适宜的角度，过高或过低将可能会影响制热效果。

（3）空调出风口出风较大，容易积累污垢，影响中央空调的出风温度和美观，用户应该定期清洗中央空调出风口，保持风口干净通风。

4.1.3　风阀

风量调节阀简称风阀，是工业厂房民用建筑的通风、空气调节及空气净化工程中不可缺少的中央空调末端配件，一般用在空调，通风系统管道中，用来调节支管的风量，也可用于新风与回风的混合调节。是实现各种环境下控制通风模式的关键设备之一。

风阀的特点为主要特点是运转灵活、噪声低、泄露量小，工作温度区域宽，结构可靠，安全方便，具体如下：

（1）对开多叶风阀接管尺寸与全国通风管道标准化规定的矩形风管尺寸相同；

（2）风阀叶片为对开式和顺开式，在通风、空气调节、空气净化系统中作为调节阀；

（3）通过试验测定，风量调节阀的气密性好，其相对漏风量在5%左右，调节性能好。

风阀对于系统的正常、安全运行是至关重要的。要充分发挥其功能，必须确保其能够便于操作和维修，因此在安装过程中要重点注意其安装位置、方向、机构位置、接线检修的空间、支架设置等问题。

4.2 太阳能空调水系统

全部用水作为"热媒"或"冷媒"并将其从热源或冷源传递到室内供暖或供冷设备，供给室内热负荷或（和）冷负荷的系统称为全水系统。按提供热量还是冷量，将全水系统分为：供热的全水系统、供冷的全水系统和既供热又供冷的全水系统。按用途将全水系统分为全水供暖系统和全水空调系统，通常将它们称为热水供暖系统和全水风机盘管空调系统。全水系统由热源或（和）冷源、管道系统和末端装置组成。冷媒在冷源得到冷量温度降低，由管道系统输送到末端装置，在末端装置内向室内供冷后温度升高再回到冷源。既供热又供冷的全水系统中同时有热源和冷源，末端装置是向室内供热或（和）供冷的设备。全水系统中的水依靠水的温度变化来交换热量或冷量。全水系统中的冷水不断地循环，不断将冷量供给房间，以调节和控制室内空气参数，创造满足一定舒适度要求的人工环境。全水空调系统中房间的冷负荷或热负荷全靠水来承担。全水空调系统的末端装置有风机盘管和辐射板。

4.2.1 风机盘管[1]

采用风机盘管的全水系统称为全水风机盘管系统或风机盘管系统。全水风机盘管系统无有组织的通风换气功能，只能依靠门窗渗透或开窗来满足房间对新风的需求。因此，这种系统不宜用于对室内空气品质要求高的场所。风机盘管单机制冷量和风量均不大，因此不宜用在大面积、大空间的房间，否则日常管理、维修不便，也影响室内建筑装饰，有时达不到室温均匀的要求。风机盘管系统宜用于既有建筑加装空调系统、对室内空气品质要求不高的建筑物中。

风机盘管机组简称风机盘管。它是由小型风机、电动机和盘管（空气换热器）等组成的空调系统末端装量之一。盘管管内流过冷冻水或热水时与管外空气换热，使空气被冷却、除湿或加热来调节室内的空气参数。它是常用的供冷、供热末端装置。

风机盘管机组按结构形式可分为方式、卧式、壁挂式、卡式等，其中立式又分立柱式和低矮式；按安装方式可分为明装和暗装；按进水方位，分为左式和右式，按面对机组出风口，供回水管在左侧或右侧来定义左式或右式；图4-9给出了立式明装和卧式暗装风机盘管机组的构造示意图。图4-9中1为前向多翼离心风机或贯流风机，每一台机组的风机可为单台、两台或多台（图中为两台）；2为单相电容式低噪声调速电动机，可改变电机的输入电压，变换电机转速，使提供的风量按高、中、低三档调节［三档风量一般按额定风量（额定风量的定义见下文）的1：0.75：0.5设置］；3为盘管，一般是2～3排铜管串铝合金翅片的换热器，其冷冻水或热水进、出口与水系统的冷、热水管路相连。为了保护风机和电机，减轻积灰对盘管换热效果的影响和减少房间空气中的污染物，在风机盘管（除卧式暗装机组外）的空气进口处装有便于清洗、更换的过滤器 5 以阻留灰尘和纤维物。为了降低噪声，箱体 9 的内壁贴有吸声材料 8。其他各种风机盘管的基本构件与图 4-9 类似。

壁挂式风机盘管机组全部为明装机组，其结构紧凑、外观好，直接挂于墙的上方。卡式（顶棚嵌入式）机织，比较美观的进、出风口外露于顶棚下，风机、电动机和盘管置于顶棚之上，属于半明装机组。立柱式机组外形像立柜，高度在 1800mm 左右。有的机组长宽比接近正方形；有的机组是长宽比约为 2：1～3：1 的长方形。除壁挂式和卡式机组之外，其他各种机组都有明装和暗装两种机型。明装机组都有美观的外壳，自带进风口和出风口，在房间内明露安装。暗装机组的外壳一般用镀锌钢板制作，有的机组风机裸露，安装时将机组设置于顶棚上、窗台下或隔墙内。国家标准《风机盘管机组》GB/T 19232—2003 中规定风机盘管机组根据机外静压分为两类：低静压型与高静压型。规定在标准空气状态和规定的试验工况下，单位时间内进入机组的空气体积流量（m³/h 或 m³/s）为额定风量。低静压型机组在额定风量时的出口静压为 0 或 12Pa，对带风口和过滤器的机组，出口静压为 0；对不带风口和过滤器的机组，出口静压为 12Pa；高静压机组在额定风量时的出口静压不小于 30Pa。除了上述常用的单盘管机组（代号省略）外，还有双盘管机组。单盘管机组内只有 1 个盘管，冷热兼用，单盘管机组的供热量一般为供冷量的 1.5 倍；双盘管机组内有 2 个盘管，分别供热和供冷。双盘管机组主要用于四管水系统。

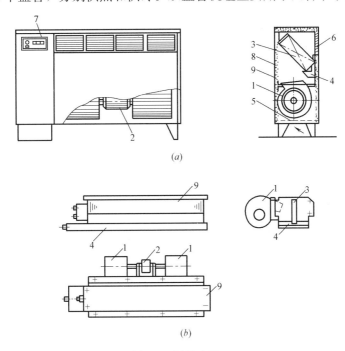

图 4-9 风机盘管

（a）立式明装；（b）卧式暗装

1—风机；2—电动机；3—盘管；4—凝结水盘；5—进风口及过滤器；

6—出风格栅；7—控制器；8—吸声材料；9—箱体

用高档转速下机组的额定风量（m³/h）标注其基本规格，如 FP-68，即高档转速下的额定风量为 680m³/h 的风机盘管。标准规定风机盘管共有 FP-34～FP-2389 种基本规格。额定风量范围为 340～2380m³/h。中外合资或外国独资企业生产的风机盘管机组的规格常用英制单位的风量（ft³/min）表示，如规格 200（或称 002 或 02 型）的风机盘管，风量为 200ft³/min，即 340m³/h。

基本规格的机组额定供冷量为 1.8～12.6kW，额定供热量为 2.7～18.9kW。实际生产的风机盘管中最大的制冷量约为 20kW，供热量约为 33.5kW。低静压型机组的输入功率约为 37～228W；高静压型机组的输入功率分为两档：出口静压 30Pa 的机组为 44～253W；出口静压 50Pa 的机组为 49～300W。同一规格的低静压型机组的噪声要低于高静压型机组。低静压型机组的噪声为 37～52dB（A）；高静压型机组的噪声为 40～54dB（A）（机外静压 30Pa）或 42～56dB（A）（机外静压 50Pa）。风机盘管的水侧阻力为 30～50kPa。

风机盘管应根据房间的具体情况和装饰要求选择明装或暗装，确定安装位置、形式。立式机组一般放在外墙窗台下；卧式机组吊挂于房间的上部；壁挂式机组挂在墙的上方；立柱式机组可靠墙放置于地面上或隔墙内；卡式机组镶嵌于顶棚上。

明装机组直接放在室内，不需进行装饰，但应选择外观颜色与房间色调相协调的机组；暗装机组应配上与建筑装饰相协调的送风口、回风口，并在回风口配风口过滤器。还应在建筑装饰时留有可拆卸或可开启的维修口，便于拆装和检修机组的风机和电机以及清洗空气换热器。

目前卧式暗装机组多暗藏于顶棚上，其送风方式有两种：上部侧送和顶棚向下送风。如采用侧送方式，可选用低静压型的风机盘管，机组出口直接接双层百叶风口；如采用顶棚向下送风，应选用高静压型风机盘管，机组送风口可接一段风管，其上接若干个散流器向下送风。卧式暗装机组的回风有两种方式：在顶棚上设百叶或其他形式回风口和风口过滤器，用风管接到机组的回风箱上；不设风管，室内空气进入顶棚，再被置于顶棚上的机组所吸入。

选用风机盘管时应注意房间对噪声控制的要求。风机盘管风机的供电电路应为单独的回路，不能与照明回路相连。要连到集中配电箱，以便集中控制操作，在不需要系统工作时可集中关闭机组。

风机盘管的承压能力为 1.6MPa，所选风机盘管的承压能力应大于系统的最大工作压力。

对于风机盘管系统与新风系统组合成的空气—水风机盘管系统，新风系统可能给室内带来冷负荷，因此不能只根据房间的设计冷负荷来选择风机盘管，这时应同时考虑新风系统带来的影响。

4.2.2　冷辐射吊顶[2]

冷辐射吊顶系统是指通过降低辐射板表面温度形成冷辐射面。依靠冷辐射面和围护结构或室内空气进行热交换的一种空调系统。冷辐射吊顶系统由冷却塔、新风处理机、冷却顶板、诱导风口和管道系统及自动控制系统组成。

冷辐射吊顶系统的主要组成部件是起辐射和对流换热作用的吸收房间余热的顶板。以辐射换热为主的冷却顶板称为辐射型冷却顶板；以对流换热为主的冷却顶板称为对流型冷却顶板；对流换热量与辐射换热量差不多，或对流换热量稍多的冷却顶板称为辐射—对流型冷却顶板。

辐射型冷却顶板用金属板或石膏板下面固定换热盘管，装在顶棚内。对流型冷却顶板或辐射—对流型冷却顶板需空气冲刷，增大对流换热量，板面有穿孔或条缝，对流换热量占 60%～70%。对流型冷却顶板一般敞开安装，当悬挂在顶棚里时，敞开表面不小于20%，冷却梁属对流型冷却顶板，内部冷媒管相距仅 3～6mm，对流换热量占 90%～95%。脊中有新风管，新风由喷嘴送出，能引射室内空气，冷却梁属明梁。

冷辐射吊顶系统是通过对流和辐射方式来消除冷负荷，由于辐射换热的存在，房间内所有表面将被直接冷却下来，使得房间内的平均温度较低，同时降低了房间内垂直温度梯度，给人们提供较高的舒适感。

冷辐射吊顶系统有自身的特点，其设计时室内参数包括冷辐射板的形式、冷辐射板单位面积供冷能力、房间的显热河潜热冷负荷等。室内设计温度可比常规系统高 1～2℃，同时要注意冷辐射板的供水温度，通常供水温度应高于室内露点温度 2℃以上，不可使冷辐射板表面结露。

吊顶百分比是指吊顶冷辐射板占顶板面积的百分比，所以也叫顶棚百分比，设计时一般根据辐射供冷需承担的负荷量和辐射板单位面积供冷能力计算辐射面积，但是由于灯具等设备的存在，辐射板占顶板面积一般不超过 70%。

水系统要在冷媒参数的基础上进行设计，冷媒参数包括进水温度、进出水温差、水流量和流速。这些参数是根据辐射板的供冷量、管径和室内空气露点温度来确定的。设计水系统时还要确定水流阻力损失、水泵选型、选择水系统形式等。辐射板中的管路如果是多路并联，要注意阻力平衡和水温度均匀，保证任何时候在系统的任一支路，流量和水流速必须满足设计要求，否则会造成板面温度不均匀，或达不到冷却要求的温度。

空调吊顶冷辐射系统起源于西欧，早在几十年前就已经出现，但真正得到广泛应用还是近些年。在冷辐射系统发展的初期阶段，就冷辐射板的安装位置来说，有墙板、地板和吊顶三种，现在普遍应用的是顶棚形式；就冷却顶板中冷媒水管的设置方式而言，常见的冷却顶板结构形式有一体式、单元式和镶嵌式三种；就制冷方式来说，有辐射板式和对流板式两种，对流式冷却顶板虽然可提高冷却性能，但以降低舒适性为代价，目前以辐射式冷却顶板的应用最为广泛，其辐射换热量大于对流换热量，可以较好地提高室内舒适度。

冷辐射吊顶系统具有以下几方面的优势：

1. 节能优势[3]

（1）在冷辐射作用下，人体的实感温度会比室内空气温度约低 2℃，与传统空调系统相比，采用冷却顶板系统的室内设计温度可以高一些，从而减少了计算冷负荷。室内设计温度比传统的全空气系统高 2～3℃，从理论上讲，可节能 20%～30%，具有可观的节能效益。

（2）由于冷辐射板所用冷媒温度高，这可以提高制冷机的制冷系数，大大减少制冷机的能耗，同时为低温的地面水、地下水等自然冷源的使用提高了可能性，减少环境污染；而且在冬夏两季可以共用一套室内系统，可以节省建筑物在供暖和制冷上的初投资，又可推进冷热一体化的热泵装置的应用；在一年较长的过渡季，制冷机可以不运行，利用冷却塔进行自然冷却来直接供冷。

（3）冷辐射吊顶系统具有"自调节"功能。由于系统的冷却能力随辐射板冷媒水温与室内空气温度之间的温差的增加而增加，随温差的减少而减少，所以当室外气温升高时，室内气温也开始随之升高，此时冷辐射板的工作温差加大，冷辐射板的制冷量会随之增加，反之亦然。

2. 舒适度优势

（1）冷辐射吊顶系统具有"自调节"功能，使得房间温度比较稳定。一般认为，在舒适条件下，人体产生的全部热量，大约以下述比例散发：对流散热30%，辐射散热45%，蒸发散热25%。顶板辐射的作用就是弥补了传统空调中以对流为主的不利因素，增加了人体的辐射热量，有利于提高室内舒适度。

（2）提高气流速度可以增加人体的对流、蒸发散热，有利于人体热平衡。但气流速度过大，会使人产生吹冷风的感觉。而使用吊顶冷辐射板时，室内只需送入一定量的新风，送风量少，风速低，人体无吹风感，也不存在使用分体式空调时室内机噪声的问题。

冷辐射吊顶系统具有以上优势的同时，也具有局限性，具体表现在：

（1）结露问题

当表面温度低于空气露点温度时，吊顶冷辐射一般也会产生结露，影响室内卫生条件。在潮湿地区，室外空气进入室内会增大结露的可能性，因此对门窗密闭性要求较高。

（2）供冷能力问题

由于露点温度限制，加上表面温度太低，会影响人的舒适感，所以限制了辐射供冷的供冷能力。

（3）一次性投资问题

目前国内很少有生产冷辐射吊顶系统末端的厂商，大多依靠进口，这使得冷辐射末端装置的初投资很高。

冷辐射吊顶系统以其能耗低、噪声低、舒适性高的突出优势，在种类繁多的空调末端设备中脱颖而出，随着技术的不断进步，将得到越来越广泛的认可和应用。但单纯的冷辐射吊顶不能满足室内人员对新鲜空气的需求，而且冷辐射表面容易结露。冷辐射吊顶需要与特定的机械送风方式结合使用，才能更好地解决其局限性问题。但吊顶冷辐射系统无论从系统的安全性、舒适性还是节能性上考虑，都有着很多优势，有着巨大的发展潜力，将是今后空调发展的方向之一，值得深入研究。

4.2.3 辐射地板

地板辐射空调系统是以冷暖地板作为末端的一种空调系统。在这种系统内，冷（热）水通过埋设于地面楼板上部的碎石混凝土或水泥砂浆层内的盘管把地板冷却（加热），并以地板表面作为辐射换热面，具有节能、舒适、不占用室内使用面积等突出特点，但用于夏季供冷时存在若干问题。

辐射地板供冷最关键的问题就是如何控制地板表面不发生结露现象。当地表温度低于室内露点温度时，会产生表面结露现象。结露不仅降低空调供冷的效果，而且影响建筑物的使用功能及建筑材料的使用寿命，应坚决避免。这样就要求在采用地板供冷时，一定要保证地板表面的最低温度高于室内空气的露点温度，且有一定的余量。在实际应用中，当辐射地板温度低于某一设定值（如一般场所可以取 19℃）时，停止供水循环，使得温度逐步上升，以保证正常工作。因此，在室内设计状态下，地板表面的温度存在一个最低值。

在供冷状态下地板表面温度高于 19℃，供热状态下地板表面温度低于 29℃，是人体舒适度感觉的良好的区间值。低于 19℃和高于 29℃的地板辐射都会引起人体的不舒适。19～29℃地板表面温度的控制决定了地板辐射空调环境的实现。采用了地板辐射供冷方式，可以适当提高室内的空气温度，以达到与传统空调系统一致的体感温度，满足舒适性要求。由于地板辐射不能负担全部显热负荷，因此，设计的室内温度比传统空调提高的幅度需要进一步分析。

辐射地板供冷，表面的平均温度约为 20℃，适宜的冷水温度为 15～18℃，此温度要求的冷水可以采用很多天然冷源，如深井水、通过土壤源换热器获取冷水等，我国很多地区可以直接利用该方式提供 15～18℃的冷水。在某些干燥地区（如新疆等）通过直接蒸发或间接蒸发的方法获取 15～18℃的冷水。即使采用机械制冷方式，由于要求的压缩比很小，制冷机的理想 COP 将有大幅度提高。

地板辐射空调系统与传统中央空调形式的区别主要有以下几个方面：

（1）地板辐射空调以辐射换热为主、对流换热为辅。新风置换主要为满足卫生需要以及补充冷量的不足，系统的新风比全空气系统风量大为减少，大大减少了风机的能耗。整个系统可以耗费较少的能量，将冷量输送至目的地。而常规空调系统是以对流换热为主，它通过输送同等的冷量则需要大能耗风机来实现。有关实验资料表明，与常规空调系统相比，地板辐射空调环境系统可以节省风机能耗 70%～80%。仅此一项就可以减少空调系统的峰值用能的 30%～40%。

（2）别于传统空调系统。地板辐射空调可以使建筑物具有较强的蓄冷和蓄热能力，加之目前节能建筑技术日益成熟，使得它的节能效果高于传统空调。

（3）不存在空调病的问题。因为地板辐射空调系统末端是地盘管形式，无电机等运转元器件，无噪声、无水管结露。因为无凝结水管，所以根除了跑、冒、滴、漏的不良现象。尤其是高温值的冷水运行提高人体的舒适性。解决了传统空调的低温值冷水运行带来的过冷感觉。

（4）别于传统空调的冷热源。传统空调是冷水机组和锅炉提供冷热源需要两套设施，而地板辐射空调冬夏季共用一套室内系统，不必同时设置锅炉房（或换热站）和制冷机，大大降低初投资，提高了设备利用率。就目前住宅建筑的空调环境是柜机或多联机实现夏季的供冷，冬季靠地板辐射或散热器实现供热，而地板辐射空调系统只要辅以单体的热回收新风置换机就可以具备空气置换的功能。

总之，采用辐射地板空调系统，可以减少设备初投资，提高使用效率，在节能性、舒适性、排除室内有害气体从而改善室内空气品质方面具有其他空调系统不能比拟的优势。同时具有便于利用自然能源和节能性冷热源的优点。因此本技术的应用前景非常广阔。

4.3　带新风的太阳能冷水空调系统

开式冷水型转轮除湿空调系统[4]，基于两级转轮除湿—再生式蒸发冷却的理想循环，循环结合了等温除湿和再生式蒸发冷却的特性，在干燥除湿的同时输出较低温度冷水，使得完全由低品位热源（太阳能等）驱动的温湿度的独立控制成为可能，有利于克服传统循环所固有的制冷能力受限/电耗增加问题。同时，新型循环的制冷空调能力和能量利用效

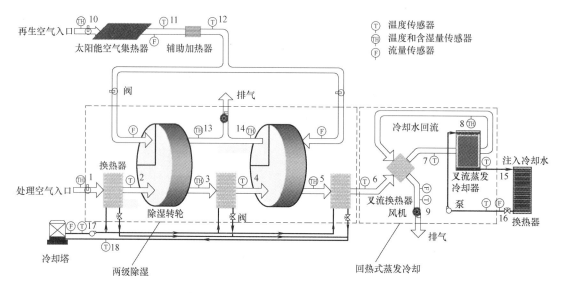

图 4-10　开式冷水型转轮除湿空调系统

率均得以大幅提升。

　　利用太阳能为热源的开式冷水型转轮除湿空调系统的工作原理如图 4-10 所示，主要由两级转轮除湿和再生式蒸发冷却两部分组成，处理空气经转轮除湿（1-2-3-4-5-6）后通过再生式蒸发冷却（6-7-8-9）降低回水温度至适用温位（16-15）。系统主要包括处理空气（1-2-3-4-5-6-7-8-9）、再生空气（10-11-12-13，10-11-12-14）、冷冻水（16-15-16）和冷却水（18-17-18）四种工作介质，具体运行过程为：

　　（1）处理空气：预冷（1-2）→一级除湿（2-3）→级间冷却（3-4）→二级除湿（4-5）→冷却（5-6）→叉流冷却（6-7）→降膜蒸发冷却（7-8）→冷量回收（8-9）；

　　（2）再生空气：加热（10-11，空气集热器）→加热（11-12，根据需要启停辅助热源）→再生干燥转轮（12-13，12-14）；

　　（3）冷却水：冷却水经冷却塔冷却后（18-17），送至两个除湿转轮前后的三个换热器对处理空气进行冷却（17-18）；

　　（4）冷冻水：在叉流降膜蒸发冷却器中冷却降温（16-15），与外部交换热量升温后返回（15-16）。

　　系统的核心组件为两个除湿转轮和叉流换热器与叉流降膜蒸发冷却器组成的再生式蒸发冷却器，此外，还包括三个空气—水换热器、一个处理风机和一个再生风机。系统中热源为空气集热器，并采用管道式空气加热器作为辅助热源；冷源为冷却塔。

4.3.1　太阳能新风除湿

　　图 4-11 所示为开式冷水型转轮除湿空调循环的基本流程，其中干燥除湿部分是在一个转轮上实现两级除湿，热力性能与双转轮式两级除湿过程相当。主要区别在于转轮分

区，双转轮式两级除湿过程的分区方式与传统一级除湿过程相同，分为两个区域：除湿区和再生区；单转轮式两级除湿过程中，转轮分成四个区域：两个除湿区（Ⅰ和Ⅱ）和两个再生区（Ⅲ和Ⅳ）。再生式蒸发冷却部分则由容易获得的叉流换热器和叉流降膜蒸发冷却器替换，并且主要功能变为制取冷冻水，这与传统再生式蒸发冷却过程直接冷却空气有所不同。该循环不仅结合了等温除湿和再生式蒸发冷却的特性，而且简单易行，冷冻水的输出更使得完全由低品位热源驱动的温湿度独立控制成为可能，有效避免了传统循环所固有的制冷能力受限/电耗增加问题。

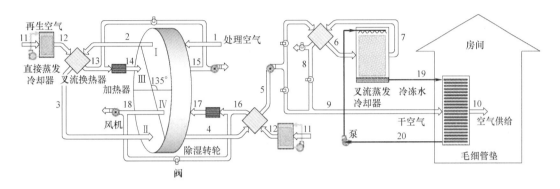

图 4-11　开式冷水型转轮除湿空调循环

具体来讲，干燥除湿过程为具有深度除湿能力且紧凑性较好的单转轮两级除湿，干燥转轮被划为四个分区，Ⅰ和Ⅱ为除湿区，Ⅲ和Ⅳ为再生区。处理空气（1-2-3-4-5）交替流经两个除湿区和两个级间冷却用叉流换热器，除湿降温至所需状态。同时，再生空气（11-12-13-14-15，11-12-16-17-18）经蒸发冷却器加湿降温后，分作两股，分别通过叉流换热器对处理空气进行级间冷却；随后，各部分再生空气被送至热源加热至再生温度，并分别流经再生区Ⅲ和Ⅳ，吸湿后排至室外，其余经旁通阀排出以减少再生热消耗。

冷冻水制取过程是基于可实现等湿降温的再生式蒸发冷却技术，与传统技术不同的是，循环中以输出较低温度冷冻水为目的。因此，为降低叉流降膜蒸发冷却器入口空气温度，进而提高冷冻水产量，用于制取冷冻水的干空气首先流经一个叉流换热器与蒸发冷却后的低温气体进行显热交换（5-6，7-8）。在叉流降膜蒸发冷却器中，由于冷冻水回水温度介于空气干球温度和湿球温度之间，空气经历增焓加湿的热力过程（6-7），这使得冷冻水的温度得以大幅降低至供水温度（20-19）。此外，空气在叉流降膜蒸发冷却器和叉流换热器中加湿和升温后（6-7-8），通常低于入口（状态1）的温湿度，可根据送风状态要求进行回收（8-9）。

4.3.2　显热与潜热回收

开式冷水型转轮除湿空调循环先通过两级转轮除湿过程对空气进行潜热负荷处理，再利用太阳能驱动下所制取的冷冻水对空气进行显热负荷处理。具体流程为：循环的处理空气首先经转轮除湿器吸附除湿至低含湿量状态（1-5）；之后，干燥空气分成两股，一股直接用于处理室内潜热负荷（5-9-10），另一股经修正的再生式蒸发冷却器制取冷冻水以处理室内显热负荷（5-6-7-8（-9-10））。

腊栋等[4]在实验测试的基础上，进一步分析同时输出干燥空气和较低温度冷冻水的开式冷水型转轮除湿空调的运行特性，重点针对温和、湿润和高湿三种代表性气候进行讨论，同时比较新型循环和传统循环在热湿处理能力上的差异。

1. 温和气候

图 4-12 和 4-13 所示为温和气候条件下系统的冷冻水品位和送风状态。测试期间，环境平均温度 T_{amb} 和含湿量 d_{amb} 分别为 30.4℃和 12.2g/kg，平均再生温度 T_{reg} 为 52.1℃。由图 4-12 和 4-13 可知，冷冻水供水温度 $T_{w,sup}$ 维持在 15℃左右，送风整体处于有效区域内，这说明，温和气候条件下，独立的太阳能空气集热即可满足系统再生要求，输出可观的冷冻水和有效的送风。

进一步对图 4-12 进行分析可以发现：（1）在系统启动阶段，由于集热器的蓄热效应，再生温度较高且随着太阳辐照的升高而降低，达到稳定运行后，再生温度与太阳辐照变化趋势一致，随着太阳辐照的升高而升高；（2）同样，冷冻水温度在系统启动阶段也受到初始水温较高的影响，呈单调降低，达到稳定运行后，由于环境温湿度波动较小，冷冻水温度整体上随着再生温度的升高而降低；（3）17：00 以后，太阳辐照和再生温度急剧降低，分别降低到 100W/m² 和 40℃以下，相应冷冻水供水温度虽然有所升高，但仍然低于18℃，具有十分可观的空调制冷能力，分析可知其原因在于冷冻水的蓄冷效应，实际空调设计时，应给予考虑并充分利用，以提高系统的能量利用效率。

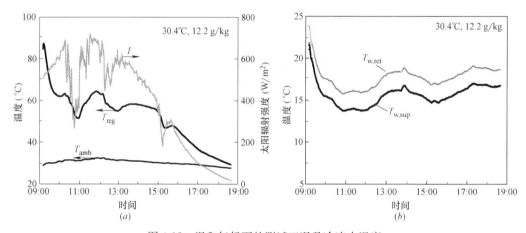

图 4-12　温和气候下的测试工况及冷冻水温度

（$\dot{V}_{pro}$=1599.4m³/h，$\dot{V}_{reg}$=674.2m³/h，$\dot{V}_w$=1.04m³/h，2011 年 6 月 26 日）

图 4-13 所示为新型同时输出干燥空气和较低温度冷冻水的开式冷水型转轮除湿空调与传统两级转轮除湿空调的送风状态比较情况。为避免启动阶段和辐照下降阶段工况波动的影响，选取相对稳定运行区间（10：00～15：00）进行讨论。设定送风状态低于室内空气状态（26.7℃，10.99g/kg）时为有效送风，即图中虚线框内区域。此外，传统循环的送风可及状态区域根据处理空气出口状态 6 经等熵加湿所能达到的状态确定；新型循环的送风可及状态区域则是基于处理空气出口状态 6 和冷冻水供回水温度及制冷量，并选定适当的空气配比 R_{dis}（处理空气中用于制取冷冻水的比率）予以确定，这里选定饱和含湿量线 100％ RH 和平均冷冻水供水温度 $T_{w,ave}$ 作为新型循环送风的温度下限。显然，传统循

环温度的降低是以含湿量的增加为代价，虽然送风仍然处于有效区域内，但品位相对降低，不利于空气调节；新型循环则大为不同，显热处理为等湿降温过程，更具制冷空调潜力。图4-13 中所示为空气配比 $R_{dis}=0.412$ 时新型循环的送风状态，送风含湿量相同的情况下，新型循环的送风温度相比传统循环从 25～27℃ 降低至 21～24℃。

2. 湿润气候

湿润气候条件下，除湿和再生要求均相对较高，考虑到太阳辐射变化带来的影响，设定辅助热源在集热器出口温度低于65℃时开启，同时将处理空气流量从 1599.4m³/h 调为

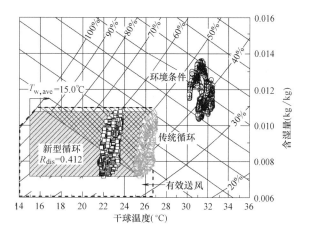

图 4-13 温和气候下新型循环与传统循环的送风状态比较（$\dot{V}_{pro}=1599.4m^3/h$，$\dot{V}_{reg}=674.2m^3/h$，$\dot{V}_w=1.04m^3/h$，2011 年 6 月 26 日）

1130.6m³/h。湿润气候下实验测试及分析的结果如图 4-14 和图 4-15 所示。测试期间，环境平均温度和含湿量分别为 31.6℃ 和 17.5g/kg，集热器出口平均温度 $T_{sc,out}$ 为 54.9℃，平均再生温度为 74.5℃。由图 4-14（b）可知，冷冻水的变化趋势与温和气候下（图 4-12）近似，不同的是温度有所升高，测试期间供水温度在 18℃ 左右。图 4-15 中所示稳定运行时间段内（11：00～13：00）新型循环与传统循环送风状态的比较情况表明，相比温和气候，湿润气候条件下新型循环的优势更加明显。送风含湿量相同的情况下，新型循环空气配比 $R_{dis}=0.333$ 时的送风温度较之传统循环从 29～30℃ 降低至 23～24℃。

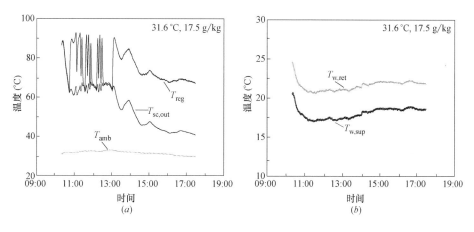

图 4-14 湿润气候下的测试工况及冷冻水温度

（$\dot{V}_{pro}=1130.6m^3/h$，$\dot{V}_{reg}=674.2m^3/h$，$\dot{V}_w=1.04m^3/h$，2011 年 7 月 19 日）

3. 高湿气候

高湿气候下采用与湿润气候相同的运行工况，不同的是，有效送风区域依据上海地区

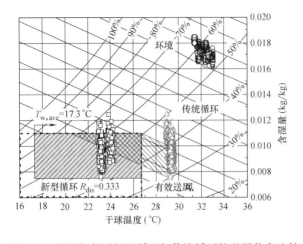

图 4-15　湿润气候下新型循环与传统循环的送风状态比较

$(\dot{V}_{pro}=1130.6 \text{m}^3/\text{h}, \dot{V}_{reg}=674.2 \text{m}^3/\text{h},$

$\dot{V}_{w}=1.04 \text{m}^3/\text{h}, 2011 年 7 月 19 日)$

室内设计工况选定为 27℃、13.5g/kg。实验测试及分析的结果如图 4-16 和 4-17 所示。测试期间，环境平均温度和含湿量分别为 32.5℃和 19.7g/kg，集热器出口平均温度为 60.2℃，平均再生温度为 76.7℃。从图 4-16（b）可以看出，冷冻水的供水温度在 20℃以下，满足供水温度要求。图 4-17 中送风状态（10：00～14：00）的比较情况显示，高湿气候条件下，传统循环已很难完全满足送风要求，而新型循环则克服了这一问题。相同含湿量情况下，新型循环空气配比 $R_{dis}=0.375$ 时的送风温度较之传统循环从 29～31℃降低至 22～24℃。

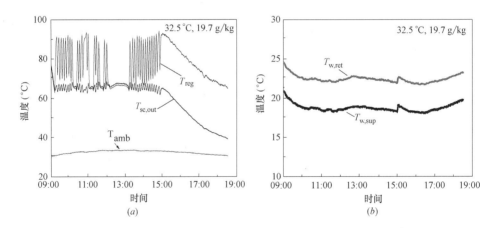

图 4-16　高湿气候下的测试工况及冷冻水温度

$(\dot{V}_{pro}=1130.6 \text{m}^3/\text{h}, \dot{V}_{reg}=674.2 \text{m}^3/\text{h}, \dot{V}_{w}=1.04 \text{m}^3/\text{h}, 2011 年 7 月 22 日)$

通过以上对基于两级转轮除湿—再生式式蒸发冷却的冷冻水制取过程的实验测试，以及对开式冷水型转轮除湿空调与传统两级转轮除湿空调的运行特性的分析比较，可以得出以下主要结论：

（1）基于两级转轮除湿—再生式式蒸发冷却的冷冻水制取方法为实现完全由低品位热源的驱动的温湿度独立控制提供了一种可能。

（2）新型开式冷水型转轮除湿空调与传统两级转轮除湿空调相比，具有更加良好的制冷能力，送风含湿量相同的情况下，新型系统的送风温度大大降低。特别是在湿润和高湿工况下，传统系统显热处理能力不足，有效制冷量极低，需要更高的驱动热源才能实现独立运行，而新型系统克服了这一问题，更加有利于低品位热能的利用。

（3）新型系统具有可观的热力性能系数，对送风状态和有效制冷能力有很大的改善，适用性更宽泛。

（4）开式冷水型转轮除湿空调循环较之传统循环在空气调节（特别是显热负荷处理）方面更具潜力，有利于突破传统循环所固有的（尤其是高湿工况下）显热处理能力不足的限制。

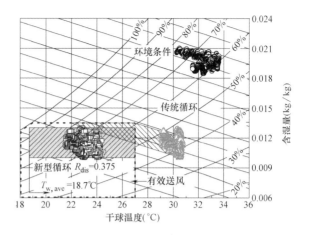

图 4-17　高湿气候下新型循环与传统循环的送风状态比较（$\dot{V}_{pro}=1130.6\text{m}^3/\text{h}$，$\dot{V}_{reg}=674.2\text{m}^3/\text{h}$，$\dot{V}_w=1.04\text{m}^3/\text{h}$，2011 年 7 月 22 日）

4.3.3　带新风的空调末端

采用毛细管辐射供冷板作为带新风的太阳能空调的室内换热末端，是使太阳能空调系统高效运行的一种有效方式。辐射供冷板一般使用吊顶或者辐射墙面的方式来向室内提供冷量，由于采用小温差换热，与之相匹配的制冷系统可以提供较高温度的冷水，减小了制冷机蒸发温度和冷凝温度，能使制冷机取得更好的运行效果。同时，辐射供冷板采用自然对流与室内空气换热，不使用风机，减小了电能的消耗，也减小了噪声污染，能够改善室内的工作环境。大面积辐射供冷板的采用，可以减小室内温度的不均匀性，使室内环境温度分布更加均衡。

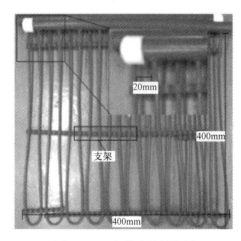

图 4-18　毛细管光管结构图

辐射供冷系统由于采用了小温差换热，其辐射表面温度高于室内露点温度，不具备除湿的能力，所以与开式冷水型转轮除湿空调机组一起运行，来弥补这个缺点，保证室内热湿环境满足人们的需求。

毛细管辐射供冷板结构类似于辐射地板，区别在于毛细管辐射供冷板管径较小，外径一般不超过 5mm。而传统的地板供暖供热管外径大于 15mm。毛细管辐射供冷板内毛细管排数较多、间距较小，安装厚度在 8～15mm，安装在墙面或吊顶板上，不占用室内空间。

毛细管辐射供冷板通常由毛细管、送回水干管、固定支架、翅片板和隔热层组成。按照翅片类型，毛细管辐射板可以分为毛细管光管、金属板毛细管翅片管和石膏板毛细管翅片管。如图 4-18～图 4-20 所示。

毛细管辐射供冷末端与室内换热的过程为：首先毛细管内的冷水将冷量传递给毛细管；毛细管通过翅片和辐射板之间换热；最后，辐射板通过对流和辐射两种方式与室内进行热交换，如图 4-21 所示。

毛细管辐射板的供冷能力和结露特性是其推广使用面临的两个最重要的问题。毛细管

| 微孔金属板 | 金属翅片板 | 隔热层 |

图 4-19　金属板毛细管辐射板结构图

隔热层

图 4-20　石膏板毛细管辐射板结构图

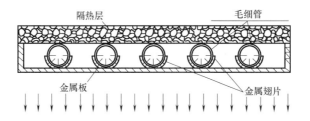

图 4-21　辐射供冷末端换热示意图

与室内空气的换热性能会影响到毛细管外壁的结露状况，同时毛细管外壁是否产生结露及结露程度又会反过来改变毛细管的换热过程，从而反作用到毛细管辐射板的换热性能上。所以，毛细管辐射供冷板的换热性能和结露现象是相互影响的。

影响毛细管换热的主要因素有：水流速、冷水温度、毛细管外壁温度、室内环境温度以及结露程度。尹亚领[5]等以上述三种毛细管辐射供冷板为模板，搭建实验台研究了毛细管辐射供冷板在不同的冷水流速、不同的冷水进水温度以及不同的热湿环境下的换热性能。得到的结论有：

（1）随着冷水流速的增大，毛细管辐射供冷板的换热性能逐步得到改善。在冷水流速为 0.25～0.45m/s 的区间内，由于毛细管内冷水平均温度逐渐降低并接近冷水进水温度，从而增强了毛细管辐射供冷板的换热性能。综合循环水泵耗能、冷水进出水温差以及毛细管辐射供冷板的换热性能之间的平衡，建议此类毛细管的管内流速为 0.45m/s。

（2）冷水进水温度的改变直接影响着毛细管辐射供冷板表面的温度分布。随着冷水进水温度的降低，毛细管辐射供冷板与周围环境的换热量持续增强，但是冷水进水温度的降低需要考虑到毛细管表面结露现象的产生。

（3）毛细管辐射供冷板的换热和结露性能也受到周围热湿环境的影响。在相同的冷水进水温度和冷水流速的工况下，对于同一种毛细管辐射供冷板在不同的热湿环境下，其换热和结露性能的表现差异巨大。在热湿环境为 26℃，60% 的工况下，当冷水温度为 17℃，冷水流速为 0.45m/s 时，毛细管金属翅片板表面没有结露工况发生，其换热性能为 40W/m^2。而在 27℃，70% 的热湿工况下，毛细管金属翅片板上因为有结露现象生成，其总的对外换热量为 80W/m^2。

本章参考文献

[1] 陆亚俊，马最良，邹平华．暖通空调．北京：中国建筑工业出版社，2002.

[2] 朱鸿志．独立新风与吊顶冷辐射板相结合的新型空调系统研究．南京：南京理工大学，2009.

[3] 左涛，万嘉凤，许宏禊．独立新风加吊顶冷辐射板空调系统的节能性及与气候的相关性．暖通空调，2008，06：150-152.

[4] 腊栋．开式冷水型转轮除湿空调理论与实验研究．上海：上海交通大学，2013.

[5] 尹亚领．辐射供冷末端换热与凝露机理及其与太阳能空调匹配特性研究．上海：上海交通大学，2014.

第5章　太阳能空调系统设计

5.1　设计一般原则

太阳能空调系统设计的一般原则（见图5-1），即遵循"太阳能最大化匹配原则"。

1. 目标建筑实施太阳能空调系统可行性分析

首先，需要对目标建筑的冷热负荷进行全年动态计算[1]，获得当地气象条件下建筑负荷的客观、准确的数据，该数据是空调设计的前提。

2. 太阳能空调系统结构设计

以上述获得的建筑冷热负荷为基础，定性设计与该建筑相匹配的太阳能空调技术及系统结构，其中最重要的是太阳能集热器与热驱动制冷机组的能量匹配优化。

3. 集热面积与主要空调设备选型

以建筑冷热负荷数据为输入条件，对上述确定的太阳能空调系统进行仿真，从而对各主要设备的参数进行优化。太阳能空调系统有别于常规空调系统，需要考虑太阳能保证率问题，因此在仿真优化中需要对集热子系统以及空调子系统各部分的年均能量平衡特性进行详细分析。

4. 经济性分析

基于上述的设计流程，最终需要对太阳能空调系统的投资成本、运行费用、维修费用，以及节能效益进行综合评价。

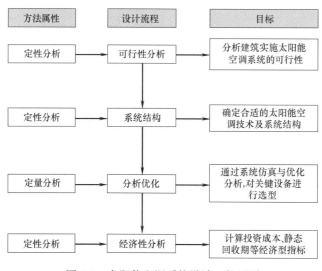

图 5-1　太阳能空调系统设计一般原则

5.2　太阳能空调保证率

太阳能空调保证率[2]是指太阳能热利用程度，表现为制冷机驱动热量中由太阳能提

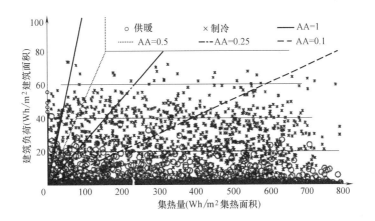

图 5-2　非跟踪 CPC 集热器逐时集热量与建筑空调冷/热负荷对比[2]

供的比例。

以意大利 Palermo 的办公建筑空调[2]为例。太阳能空调采用额定驱动温度为 80℃，额定制冷 COP 为 0.6 的吸附制冷机。供暖温度为 45℃。传统供暖系统的热效率为 95%。集热器采用非跟踪 CPC 太阳能集热器。

计算结果如图 5-2 所示，图 5-2 揭示了集热量与建筑空调所需冷/热负荷的比对关系。在此，定义比集热面积为：

$$AA = \frac{A_{\text{coll}}}{A_{\text{floor}}} \tag{5-1}$$

式中　A_{coll} 与 A_{floor}——分别为集热面积与空调建筑面积。

如图 5-2 所示，当数据点处于 AA 线段以下时，表明集热量超过建筑所需冷/热负荷，即集热量过剩，如果无储热装置，则会产生弃热。相反，位于 AA 线段上端的数据表明集热量不足，无法提供建筑所需冷/热量。

通过累计逐时能量分布，年均太阳能制冷保证率 f_{cool} 的计算式为：

$$f_{\text{cool}} = 1 - \frac{Q_{\text{bu-cool}}}{Q_{\text{tot-cool}}} \tag{5-2}$$

式（5-2）中，$Q_{\text{bu-cool}}$ 为用于热驱动制冷消耗的辅助能源全年总热量，其表达式为：

$$Q_{\text{bu-cool}} = \sum_{h=1}^{8760} Q_{\text{bu-cool,h}} \tag{5-3}$$

式（5-3）中，$Q_{\text{tot-cool}}$ 为热驱动制冷全年所需总热量，其计算式为：

$$Q_{\text{tot-cool}} = \sum_{h=1}^{8760} Q_{\text{tot-cool,h}} \tag{5-4}$$

用于制冷的辅助能源逐时热量

$$Q_{\text{bu-cool,h}} = Q_{\text{tot-cool,h}} - Q_{\text{coll,h}} \tag{5-5}$$

式中，当集热器集热量大于热驱动制冷所需热量时，相应的辅助热源热量

$$Q_{\text{bu-cool,h}} = 0 \tag{5-6}$$

通常，太阳能空调保证率还受到储热装置的影响。储热量与集热面积有关系，当集热量过剩时，储热装置可存储多余的热量，并供集热量不足时使用，因此可在一定程度上提

高太阳能空调保证率。

5.3 集热器选择与热量冷量匹配

5.3.1 冷负荷计算

为保持建筑物的热湿环境，在单位时间内需向房间供应的冷量称为冷负荷。夏季建筑围护结构的冷负荷是指由于室内外温差和太阳辐射作用，通过建筑围护结构传入室内的热量形成的冷负荷[3]。建筑物冷负荷主要取决于：室内外空气的干湿泡温度、室内外空气的相对湿度、太阳辐射量的大小和风速。

计算建筑物冷负荷的步骤如下[4]：

（1）确定建筑围护结构特性：墙面积及其结构类型和材料特性；屋顶面积及结构类型和材料特性；窗户面积，密封情况和玻璃种类；建筑物位置和方向。

（2）确定室内外空气的干湿球温度。

（3）确定太阳辐射量和风速。

（4）计算下列因素造成的冷负荷：窗户、墙壁和屋顶传热造成的负荷；渗透（包括渗进和渗出）引起的显热增变量；潜热增变量（水蒸气）；内部热源（人、灯光等）。

式（5-7）～式（5-13）可用于计算各种冷负荷。

对于窗户不遮蔽或部分遮蔽的建筑物：

$$Q_{wi} = A_{wi}\left[F_{ah}\overline{\tau}_{b,wi}G_{h,b}\frac{\cos\theta}{\sin\alpha} + \overline{\tau}_{d,wi}G_{h,d} + \overline{\tau}_{t,wi}G_t + U_{wi}(T_o - T_i)\right] \qquad (5-7)$$

对于全遮蔽的窗户（不考虑散射辐射）：

$$Q_{wi,sh} = A_{wi,sh}U_{wi}(T_o - T_i) \qquad (5-8)$$

对于不遮蔽墙：

$$Q_{wa} = A_{wa}\left[\overline{a}_{a,wa}\left(G_r + G_{h,d} + G_{h,b}\frac{\cos\theta}{\sin\alpha}\right) + U_{wa}(T_o - T_i)\right] \qquad (5-9)$$

对于全遮蔽墙（忽略散射辐射）：

$$Q_{wa,sh} = A_{wa,sh}\left[U_{wa}(T_o - T_i)\right] \qquad (5-10)$$

对于屋顶：

$$Q_{rf} = A_{rf}\left[\overline{a}_{s,rf}\left(G_{h,d} + G_{h,b}\frac{\cos\theta}{\sin\alpha}\right) + U_{rf}(T_o - T_i)\right] \qquad (5-11)$$

对于渗透引起的显热：

$$Q_i = \dot{m}_a(h_{a,o} - h_{a,i}) \qquad (5-12)$$

对于渗透引起的潜热：

$$Q_w = \dot{m}_a(\omega_o - \omega_i)\lambda_w \qquad (5-13)$$

式中　Q_{wi}——通过不遮蔽窗户面积 A_{wi} 的热流，kW；

$Q_{wi,sh}$——通过不遮蔽窗户面积 $A_{wi,sh}$ 的热流，kW；

Q_{wa}——通过不遮蔽窗户面积 A_{wa} 的热流，kW；

$Q_{wa,sh}$——通过不遮蔽窗户面积 $A_{wa,sh}$ 的热流，kW；

Q_{rf}——通过屋顶面积 A_{rf} 的热流，kW；

Q_i——由渗透引起的负荷，kW；

G_w——潜热负荷，kW；

$G_{h,b}$——水平面上太阳直射辐射通量，W/m²；

$G_{h,d}$——水平面上太阳扩散辐射通量，W/m²；

G_t——地面反射和辐射通量，W/m²（直射辐射加散射辐射）；

ω_o，ω_i——室内外空气比湿度，kg$_{水蒸气}$/kg$_{干空气}$；

U_{wi}，U_{wa}，U_{rf}——窗户、墙和屋顶的总传热系数，W/m²·℃；

$\dot{m}_a$——干空气的净渗透率，kg/s；

T_o，T_i——室内外空气的干泡温度，℃；

F_{ah}——遮阳因子，当 $F_{ah}=1.0$ 时不遮挡，当 $F_{ah}=0$ 时全遮挡；

$\bar{a}_{s,wa}$——墙面的太阳吸收率；

$\bar{a}_{s,rf}$——屋顶的太阳吸收率；

θ——墙、窗户和屋顶上的太阳入射角，（°）；

$H_{a,i}$，$H_{a,o}$——室内外空气的焓值，kJ/kg；

α——太阳高度角，（°）；

λ_w——水蒸气潜热，kJ/kg；

$\tau_{b,wi}$，$\tau_{d,wi}$，$\tau_{t,wi}$——窗户对直射辐射、散射辐射和地面反射辐射的透射率。

5.3.2 集热器类型和面积计算

太阳能集热器是太阳能空调系统中最重要的部件之一，其选型与效率直接影响整个空调系统效果和经济性。与太阳能空调系统匹配的太阳能集热器种类有很多，包括平板集热器、真空管集热器、CPC、槽式、菲涅尔式聚焦集热器等。目前国内太阳能空调项目应用真空管以及聚焦集热器较多，欧洲也有一些项目应用平板集热器，特别是太阳能除湿空调。

太阳能空调系统集热面积的计算：

$$A_{spec}=\frac{1}{G\eta_{coll,design}COP_{design}} \quad (5\text{-}14)$$

式中 A_{spec}——单位制冷量所需集热面积；

G——设计工况下太阳辐射强度；

$\eta_{coll,design}$——设计工况下（制冷机额定驱动温度下）集热器集热效率；

COP_{design}——额定工况下制冷机 COP。

图 5-3 给出了集中常用的太阳能空调系统单位制冷量对应集热面积情况。例如，当太阳辐照度为 800W/m² 时，太阳能集热器即热效率为 50%，设计工况下制冷系统 COP 为 0.65，则对应单位制冷

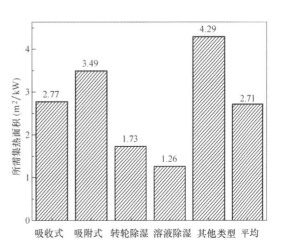

图 5-3 不同类型太阳能空调所需集热面积

97

量太阳能集热器面积为 $3.8\mathrm{m}^2$。

若太阳能空调系统设计制冷量 Q_{design}，则太阳能空调系统所需总集热面积是：

$$A_{\mathrm{coll}} = \frac{Q_{\mathrm{design}}}{G\eta_{\mathrm{coll,design}}COP_{\mathrm{design}}} \tag{5-15}$$

5.4 太阳能空调方案选择

5.4.1 气候特点与空调方式

建筑构造与当地气候条件直接影响太阳能空调机组的选型。建筑冷负荷受气候条件与建筑相关因素的影响。不同的气候条件对应不同的制冷技术，如吸收、吸附以及除湿空调。首先，因根据建筑的特点，评价不同制冷技术的可行性，从而选择一种最为合适的技术。

图 5-4 给出了基于温度与湿度控制进行空调设计的技术路线。整个设计的起点为建筑冷负荷计算，其中需要考虑最少换气次数对冷负荷的影响。通常，太阳能空调系统根据供冷的媒介可分为全空气、空气—水、水三种系统，其中针对不同的建筑与气候条件，以上每种系统都具有自身的特点，经济性也与运行条件密切相关，无绝对的好坏。

图 5-4 中回风系统只针对具有较好围护结构的建筑才具有意义，如建筑围护结构不好。可以不用考虑设置回风系统。除湿空调系统（DEC）只能应用于空气或空气—水系统中。

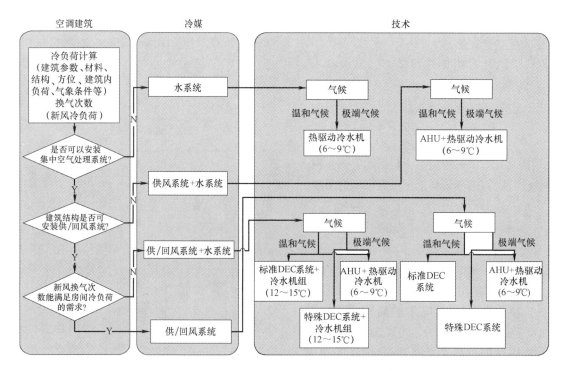

图 5-4 基于温度与湿度控制的太阳能空调设计思路

1. 热驱动冷水机组

当无法安装集中空气处理机组时，只能采用热驱动冷水机组实现房间供冷。为同时满足房间的显热与潜热负荷，需要采用 6～9℃的冷水供冷。

2. 热驱动冷水机组＋风系统（AHU）

首先需要判断 AHU 能否承担房间的全部冷负荷（显热与潜热），如果 AHU 只能承担新风和房间的全部潜热负荷，则需要另外配备制冷机组用于处理新风与房间的显热负荷，通常采用热驱动的冷水机组（12～15℃）与辐射末端相结合。这就是所谓的温湿独立控制空调系统。

3. 除湿空调系统（DEC）＋冷水机组

对于具有较好围护结构的建筑，可以采用除湿空调用于集中空气处理系统。然而，除湿空调的设计依赖于当地气候条件，一般对于温和气候区域，采用常规设计的除湿空调即可有效实现室内空气降湿。对于高温/高湿的极端气候，需要从除湿材料与系统结构上改进，设计特殊的除湿空调系统，才能满足使用要求。

4. 全空气系统（AHU＋热驱动冷水机）

采用常规集中空气处理单元与热驱动冷水机组相结合实现全空气系统。

上述空调方案中，无论是冷水机组还是直接用于空气处理的除湿空调系统，都是依靠太阳能集热器提供的热量直接驱动的。

5.4.2 集热器与太阳能空调

表 5-1 给出了目前最用的太阳能热驱动空调及其适用的集热器类型。从空调系统讲，主要有吸附式、吸收式、除湿空调和喷射式制冷四大类，其中前三种研究应用最广。它们的工作原理是利用太阳能集热器产生的热能驱动制冷装置产生冷冻水或调节空气送往建筑环境内进行空调。具体如下：

（1）太阳能吸收式制冷：用太阳能集热器收集太阳能来驱动吸收式制冷系统，是目前为止示范应用最多的太阳能空调方式。应用多为溴化锂—水系统，也有的采用氨—水系统。

（2）太阳能吸附式制冷：利用吸附制冷原理，以太阳能为热源，采用的工质对通常为活性炭—甲醇、分子筛—水、硅胶—水及氯化钙—氨等，可利用太阳能集热器将吸附床加热后用于脱附制冷剂，通过加热脱附—冷凝—吸附—蒸发等几个环节实现制冷。

（3）太阳能除湿空调系统：是一种开放循环的吸附式制冷系统。基本特征是干燥剂除湿和蒸发冷却，也是一种适合于利用太阳能的空调系统。

（4）太阳能蒸汽喷射式制冷：通过太阳能集热器加热使低沸点工质变为高压蒸汽，通过喷管时因流出速度高、压力低，在吸入室周围吸引蒸发器内生成的低压蒸汽进入混合室，同时制冷剂在蒸发器中汽化而达到制冷效果。

上述几种太阳能热能转换驱动的空调制冷方式中，目前为止太阳能溴化锂—水吸收式空调方式示范应用最多。另外，吸附式制冷方式由于驱动热源要求温度低，近年来在我国发展很快。除湿空调技术以开放循环方式工作，系统可靠性高，在处理空调潜热负荷方面具有优势。

另外，就空调特点而言，除湿空调是对处理空气进行调节的空气调节手段，能够直接把空气处理到理想的温湿度条件。而吸附制冷、吸收制冷和喷射制冷则主要是获得冷冻水为目的，进一步通过风机盘管或辐射末端对环境温湿度进行调节。前者在处理潜热负荷方面具有优势，但对空气降温处理方面能力有限，某些情况下，需要其他制冷方式结合处理实现显热、潜热分级处理，达到理想空调效果。

太阳能喷射制冷，太阳能驱动的热声制冷，太阳能光伏电池驱动的半导体制冷和蒸汽压缩制冷等也不断有研究报道，在某些特殊场合获得应用。

几类太阳能热驱动空调技术特征和参数比较　　　　　　　表 5-1

空调类型	太阳能转轮式除湿空调	硅胶—水吸附空调机组	溶液除湿空调	太阳能氨水吸收式制冷	两级吸收式太阳能空调	单效吸收式太阳能空调	聚焦集热/燃气互补型太阳能空调
采用集热器类型	空气集热器	真空管或平板太阳能热水系统	真空管或平板太阳能热水系统	太阳能真空管或平板集热器	真空管或平板太阳能热水系统	真空管太阳能热水系统	槽式聚焦太阳能集热器
工作热源温度	50～100℃	55～85℃	55～85℃	80～160℃	>65℃	≥88℃	150℃
额定空调 COP	0.6～1.0	0.4	0.6～1.0	0.5～0.6	0.4	0.6	1.1
晴天太阳能空调时间	约 4h	8h	6～8h	2～3h	>3h	2～3h	—
空调方式	露点 8～12℃干空气	约 7～20℃冷冻水	露点 12～15℃的干空气	约-20～20℃	约 7～20℃冷冻水	约 7～20℃冷冻水	约 7～20℃冷冻水
处理空调负荷类型	潜热	显热与部分潜热	潜热	显热与部分潜热	显热与部分潜热	显热与部分潜热	显热与部分潜热

设计具体的太阳能空调系统，不是简单地将集热器与空调机组连接即可，在考虑上述选择原则的基础上，通常还要考虑太阳辐射的间歇性和不连续性，结合辅助能源或与其他制冷系统耦合。通常的结合方式如图 5-5 所示。

图 5-5（a）为太阳能冷水空调机组，也是目前应用最多的太阳能空调类型。通常是已经有集中式太阳能热水系统，存在夏季热量过剩，可以直接采用吸收或吸附式冷水机组，结合锅炉辅助加热实现连续空调制冷。该方案适于温和气候区，特别炎热潮湿的地区采用此方案，需要进行细致的技术经济性分析后确定。除此以外，对太阳辐射资源较好的地区，还可以结合中温集热器，如 CPC，槽式和菲涅尔式集热器结合双效或者变效吸收式制冷机，提供高效的太阳能空调方案。图 5-5（b）为太阳能冷水空调与电空调并联系统，两者通过蓄冷联箱并联运行。太阳不足时，通过电制冷实现连续工作。图 5-5（c）为太阳能冷水空调与电空调串联系统，太阳能冷水机组作为预冷环节使用，通过电空调进一步降温到理想温度，对空调建筑进行空气调节。该方案的优点是提高了太阳能冷水机组的制冷温度，有利于提高太阳能空调转换效率；同时对电空调而言，降低了冷凝温度，相应电制冷效率也有提高。图 5-5（d）为太阳能冷水空调与空调箱结合的方案，该方案兼顾了新风和潜热负荷，是空调风系统典型的处理方案，太阳能空调冷水机组起到了冷源的作用。图 5-5（e）是太阳能除湿空调方案，适用于建筑热负荷不太高的地区，通过集热器产生热能，驱动除湿空调循环，提供温度和湿度比较合适的空气进行空调。图 5-5（f）是太阳能除湿空调与电空调结合的方案，利用太阳能处理空调潜热负荷，利用传统电空调处理显热负荷，能够提高电空调制冷温度，从而改善制冷效率，系统节电效果较为显著。图 5-5（g）是太阳能冷水机组与除湿空调结合的方案，也是最理想的太阳能空调方案之一。其特点是利用冷水机组处理显热，利用除湿空调处理潜热，可以达到太阳能空调效率最优化。

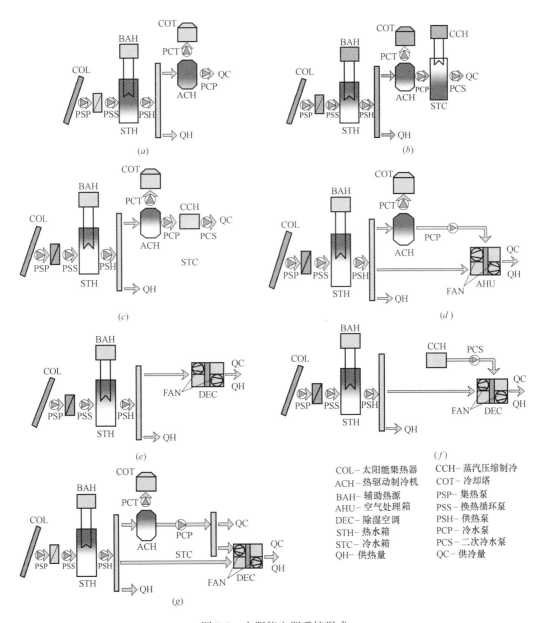

图 5-5　太阳能空调系统形式

（a）太阳能冷水空调；（b）太阳能冷水空调与电空调并联；（c）太阳能冷水空调与电空调串联；（d）太阳能冷水空调
与空调箱耦合；（e）太阳能除湿空调；（f）太阳能除湿空调与电空调耦合；（g）太阳能冷水空调与除湿空调耦合

　　上述若干系统根据建筑类型和负荷特点，进行合理的集热器与空调机组的配合，可以
达到适应性好、可靠性高的目的。但太阳能空调系统初投资较高，建议进行详细的能源经
济分析后，尽量用于热工围护结构性能较好的节能建筑。

5.4.3　蓄热与蓄冷

　　由于太阳辐射的不连续性，太阳能空调系统宜采用适当的蓄能措施，包括蓄热和蓄
冷，一方面保证太阳能空调系统输出冷量的稳定性；另一方面，在一定条件下，对改善系

统运行经济性，提高太阳能保证率有利。

一般太阳能集热系统都会考虑蓄热措施。最常用的是水箱蓄热。如采用中高温集热器，如 CPC，槽式和菲涅尔式集热器等，也可考虑中温 PCM 材料或者导热油等进行蓄热。主要是能够起到能量调节作用，提高系统运行可靠性。

对于太阳能空调系统，能量调节除了蓄热，还可以采用蓄冷的措施。主要有水蓄冷、冰蓄冷、共晶盐蓄冷等方法。

水蓄冷利用水的显热进行冷量储存，具有初投资少、系统简单、维修方便、技术要求低等特点。但常规的水蓄冷系统是利用 3～7℃ 左右的低温水进行蓄冷，并且只有 5～8℃ 的温差可利用，其单位容积蓄冷量较小，使水蓄冷系统的蓄冷装置容积较大。

冰蓄冷就是将水制成冰的方式，利用冰的相变潜热进行冷量的储存。冰蓄冷除可以利用一定温差的水显热外，主要利用的是水变成冰的相变潜热（335kJ/kg），与水蓄冷相比，单位体积冰蓄冷系统的蓄冷能力提高 10 倍以上。但冰蓄冷系统的设计和控制比水蓄冷系统复杂。采用的制冰形式主要有：管内、管外蓄冰，密封蓄冰罐的静态制冰和接触式制冰浆机的动态制冰。选用蓄冰和低温送风系统，并且结合分时电价政策，采用电辅助夜间制冷，可实现较好的经济性。

共晶盐蓄冷是利用固液相变持性蓄冷的另一种方式。蓄冷介质主要是由无机盐、水、促凝剂和稳定剂组成的混合物。目前应用较广泛的是相变温度约为 8～9℃ 的共晶盐蓄冷材料，其相变潜热约为 95kJ/kg。在蓄冷系统中，这些蓄冷介质多置于板状、球状或其他形状的密封件中，再放置于蓄冷槽中。一般地讲，其蓄冷槽的体积比冰蓄冷槽大，比水蓄冰槽小。其主要优越性在于它的相变温度较高，可以克服冰蓄冷要求很低的蒸发温度的弱点。虽然该系统的制冷效率比冰蓄冷系统高，但蓄冷材料成本较高，且易发生老化现象。

对太阳能空调系统，特别是与辅助能源及备用空调结合运行的负荷空调系统而言，主要从运行经济性考量，相对成熟的还是水蓄冷方式。如何设置蓄热装置和蓄热容量需要根据系统使用规律，结合气象条件，经过计算分析获得。

5.5 太阳能空调能源经济性

太阳能空调系统能源经济性的重要指标是一次能源利用率，即产生 1kW 冷量对应一次能源利用率。

传统电驱动蒸汽压缩式空调一次能源利用率为：

$$PE_c = \frac{1}{\varepsilon_e \cdot COP_e} \tag{5-16}$$

式中　ε_e——电厂发电效率（一次能源转换为电能效率）；

COP_e——电驱动蒸汽压缩式空调性能系数。

对太阳能空调系统，一次能源利用率为：

$$PE_{sol} = \frac{1}{\varepsilon_f \cdot COP_t} \cdot (1 - f_{cool}) + PE_L \tag{5-17}$$

式中　ε_f——化石燃料燃烧效率；

COP_t——热驱动制冷机组制冷性能系数；

f_{cool}——太阳能空调系统太阳能保证率。

由于冷却塔也有一定的电力消耗，这里也做了考虑，PE_L 为冷却塔一次能源利用率。

$$PE_L = \frac{E_L}{\varepsilon_e} \cdot \left(1 + \frac{1}{COP_t}\right) \tag{5-18}$$

式中　E_L——冷却塔散发 1kWh 热量对应电力消耗（kWh 电，包括风扇和循环水泵）。

进行太阳能空调系统设计，一个重要指标是其一次能源利用率应该大于传统空调一次能源利用率，即：

$$PE_{sol} \geqslant PE_c \tag{5-19}$$

图 5-6 给出了冷却塔 f_L 为 0.02 时，不同太阳能空调保证率条件下，随着制冷机组性能系数变化，太阳能空调系统一次能源利用率的变化情况。图中还标示了电驱动蒸汽压缩式空调制冷性能系数分别为 2.5 和 4.5 情况下，对应的一次能源利用率数值。只有当太阳能空调一次能源利用率大于电驱动蒸汽压缩式空调的一次能源利用率数值时，太阳能空调系统应用才有节能意义。

太阳能空调如果采用吸收、吸附式等热驱动制冷机组，当 COP 较低时，如采用化石能源作为辅助热源（太阳热能不足时），要达到良好的节约传统化石能源的效果，则要求系统具有较高的太阳能空调保证率。例如，电驱动蒸汽压缩空调 COP 为 4.5 时，对应热驱动制冷机组 COP 为 0.6 时，太阳能空调保证率需要大于 0.75；对应热驱动制冷机组 COP 为 1.2 时，太阳能空调保证率需大于 0.45。电驱动蒸汽压缩空调 COP 越小，要求的太阳能保证率越低。而提高太阳能保证率则需要增大集热器面积、改善建筑围护结构条件等。

另一种方案是太阳热能不足时，采用电驱动蒸汽压缩空调作为备用。这种情况下，太阳能空调主要起到节电的效果，系统对太阳能空调保证率要求不如化石能源辅助太阳能空调系统高，但初投资会大一些。如何通过热力循环合理整合太阳能热驱动空调与电驱动蒸汽压缩空调循环是提高太阳能利用率，改善经济性的关键。

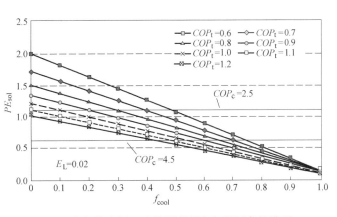

图 5-6　太阳能空调一次能源利用率与保证率的关系

以上仅是太阳能空调系统设计的一般性原则，在设计阶段，结合负荷率情况，做好系统能量平衡计算，确保良好的一次能源利用率，来综合进行太阳能空调系统优化设计，是成功应用太阳能空调的关键。

5.6　仿真模拟

对太阳能利用系统，目前最成熟的软件是 TRNSYS，本节重点介绍如何利用 TRNSYS 软件开展太阳能空调系统的性能模拟计算。主要包括建筑负荷计算、太阳能空调系统建模和仿真计算等。

5.6.1　建筑负荷计算

TRNSYS 软件包主要由 Simulation studio、TRNBuild、TRNEdit 和 TRNOPT 组成。其中 TRNBuild 用来生成建筑文件，模拟建筑系统，得到建筑负荷。并可通过 type 56 与 Simulation studio 中太阳能空调系统进行协同仿真，同时得到建筑系统和空调系统的瞬态特性。

在运用 type 56 在 Simulation studio 中进行建筑负荷计算前，需要利用 TRNBuild 生成和设置计算中所需要的建筑文件（TRNSYS 16 中后缀名为 . bui，TRNSYS 17 中为 . b17）。生成建筑文件的方法一般为两种，在 TRNSYS 16 与 TRNSYS 17 中都可以通过直接打开 TRNBuild 来进行新建建筑文件，如图 5-7 所示。

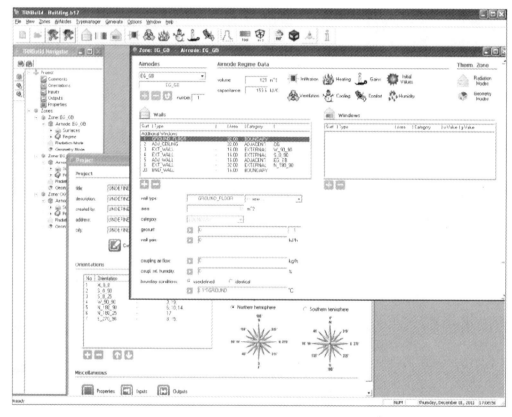

图 5-7　在 TRNBuild 中新建建筑文件

TRNSYS 17 中提供了另一种较为方便、快捷以及直观的方法来新建建筑文件。TRNSYS 17 中集成了 Trnsys3D 插件，可以直接在 Google Sketch Up 中进行 3D 建筑的绘制和编辑，如图 5-8 所示。

无论通过哪种方法创建的文件，最终都得在 TRNBuild 中进行建筑详细信息的编辑，如围护结构类型、照明类型和室内制冷制热设计工况等。为了输出计算得到建筑负荷，需在 TRNBuild 中的 output 中设置输出对应 zone 的 QSENS 和 QLATD，即对应房间的显热负荷和潜热负荷。

完成以上各准备工作后，将得到的 . b17 文件导入到 Simulation studio 中的 type 56 中。将上述的气象数据读取部件 type15-2 的对应输出与读取了建筑文件的 type 56 对应输

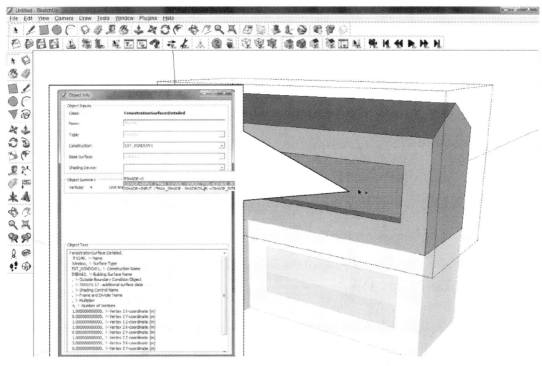

图 5-8　在 Sketch Up 编辑建筑文件

入相连（在这之前需要在 type15-2 中针对建筑各立面的方位角和倾斜角不同设置不同的 surface）。选择输出部件（printer 或 online plotter），对 type 56 的输出中的 QSENS 和 QLATD 进行记录或者显示，即得到建筑负荷。以上海某 $90m^2$ 住宅为例，计算得到空调季建筑瞬时空调负荷如图 5-9 所示。

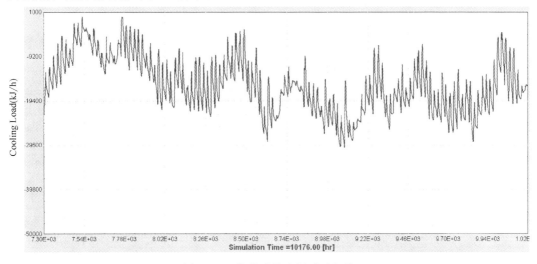

图 5-9　上海某建筑空调瞬时负荷

5.6.2　太阳能空调系统建模

太阳能系统的建模主要包括以下几个部分：

（1）太阳能集热蓄热部分：主要包括太阳能集热器（type71、type 1245 和 type 1288 等）和蓄热水箱（type 4、type 534 和 type 1237 等）。

（2）热驱动空调与辅助热源：主要包括吸收式空调机组（type 107、type 678 和 type 681 等）、吸附式空调机组（type 909）、转轮除湿机组（type 716 和 type 1716 等）、锅炉（type 700 和 type 751 等）等。

（3）建筑与室内空气处理末端：建筑模块（type 56）和空气处理末端（type 600、type 670 和 type 1231 等）。

（4）其他附件：循环泵（type 3d、type 114 和 type 695 等）、温差控制器（type 2b 等）、冷却塔（type 51 和 type 510）和阀门三通（type 11、type 31 和 type 647 等）等。

下面将就某餐厅太阳能驱动溴化锂吸收式制冷系统进行太阳能空调系统建模与仿真流程的介绍。

1. 系统描述

某面积为 225m² 的餐厅，采用太阳能驱动双效溴化锂吸收式制冷机组进行制冷空调，锅炉作为吸收式制冷机辅助热源。

2. 系统参数确定

（1）建筑负荷：建筑主体面积为 225m²，包括一个 112.5m² 的餐厅，一个 56.25m² 的冷藏间和一个 56.25m² 的厨房。餐厅、冷藏间和厨房设计温度分别为 24℃、15℃ 和 26℃。在 TRNBuild 中建立建筑模型，得到建筑冷负荷约为 25kW。因此，选用额定制冷量为 28kW 的双效溴化锂吸收式制冷机一台。

（2）太阳能系统：已有真空管太阳能集热器 1000m²，水箱 12m³。

（3）辅助热源：根据吸收式制冷机和系统的额定耗热量，选取额定制热量为 41kW 的锅炉一台。

（4）其他附件：冷却塔、水泵等按设计流量和换热量选择。

3. 主要部件选择

根据系统需要选取 TRNSYS 中相应部件如表 5-2 所示，并设置相对应的部件参数。具体的部件模型将在下文中进行介绍。

太阳能空调系统部件表

表 5-2

部件	Type 号	类别
太阳能集热器	71	Solar Thermal Collectors
水箱	4e	Thermal Storage
吸收式制冷机	677	HVAC Library［Tess］
建筑	56	Loads and Structures
冷却塔	510	HVAC Library
水泵	114	Hydronics
空气处理单元	697b	HVAC Library
锅炉	700	HVAC Library［Tess］
温控器	108	Controllers
分流三通与合流三通	11	Hydronics
温差控制器	2b	Controllers
管道	31	Hydronics

4. 系统连接

根据各部件之间的输入输出关系，连接相应部件的输入与输出，形成计算网络，并对不同功能的连接进行不同颜色和线型的区分，最终结果如图 5-10 所示。

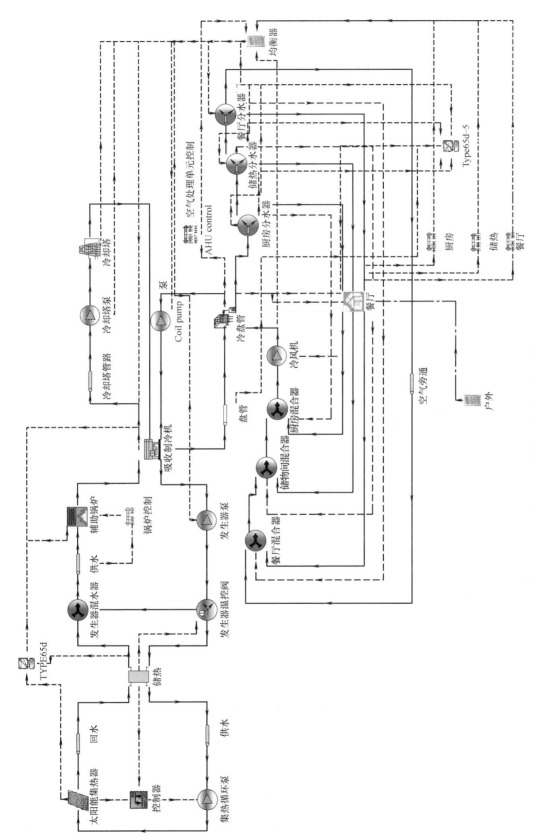

图 5-10　某餐厅太阳能空调系统图

5.6.3 集热器模型

本书中采用 type 71 来模拟真空管集热器，集热效率由下式确定：

$$\eta = a_0 - a_1 \frac{(\Delta T)}{I_T} - a_2 \frac{(\Delta T)^2}{I_T} \tag{5-20}$$

式中 a_0，a_1 和 a_2 值可在集热器效率测试中得到。ΔT 在 type 71 中有三种模式可选，分别对应：

$$\Delta T \begin{cases} \Delta T_i = T_1 - T_a \\ \Delta T_{av} = T_{av} - T_a \\ \Delta T_o = T_o - T_a \end{cases} \tag{5-21}$$

式中　T_i——集热器进口温度；

　　　T_a——环境温度；

　　　T_{av}——集热器进出口平均温度；

　　　T_o——集热器出口温度。

另外，type 71 中考虑了入射角修正（IAM），修正系数通过读取外部文件（external files 选项卡下）进行插值得到，文件格式如图 5-11 所示。第一行和第二行分别为纵向角度和横向角度，从第三行开始为对应的角度下的 IAM 修正值。

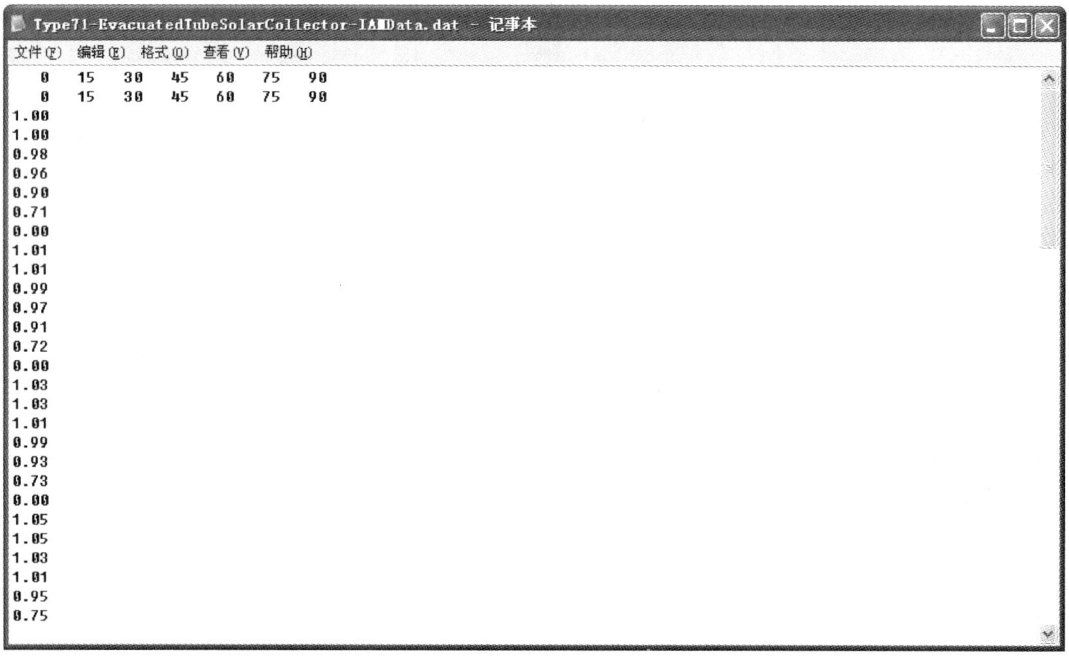

图 5-11　IAM 文件格式

5.6.4 空调机组模型

Type 677 利用三组归一化的查询表的插值来模拟热水驱动型吸收式机组的性能。所以在模拟时必须保证系统的所有参数要包括在这三组插值表内，否则将发生较大的误差。

第一组文件为进口热水温度与部分负荷系数的关系 $f_{\text{FullLoadCapacity}}$；第二组文件为机组出力与不同的冷冻水温度设定值与冷却水进口温度的关系 $f_{\text{NominalCapaciy}}$；第三组文件为机组实际耗热量与部分负荷系数及冷却水进口温度的关系 $f_{\text{DesignEnergyInput}}$。通过三个插值文件，对于任何给定的运行条件，可按以下公式计算得到机组参数：

当前工况最大制冷量：

$$Capacity = f_{\text{FullLoadCopacity}} f_{\text{NominalCapaciy}} Capacity_{\text{Rated}} \tag{5-22}$$

实际制冷量需求（满足出口水温设定要求）：

$$Q_{\text{remove}} = m_{\text{chw}} Cp_{\text{chw}} (T_{\text{chw,in}} - T_{\text{chw,set}}) \tag{5-23}$$

耗热量：

$$\dot{Q}_{\text{hw}} = \frac{Capacity_{\text{Rated}}}{COP_{\text{Rated}}} f_{\text{DesignEnergyInput}} \tag{5-24}$$

热水出口温度：

$$T_{\text{hw,out}} = T_{\text{hw,in}} - \frac{\dot{Q}_{\text{hw}}}{\dot{m}_{\text{hw}} Cp_{\text{hw}}} \tag{5-25}$$

冷冻水出口温度：

$$T_{\text{chw,out}} = T_{\text{chw,in}} - \frac{MIN(\dot{Q}_{\text{remove}}, Capacity)}{\dot{m}_{\text{chw}} Cp_{\text{chw}}} \tag{5-26}$$

吸收机热量平衡：

$$\dot{Q}_{\text{cw}} = \dot{Q}_{\text{chw}} + \dot{Q}_{\text{hw}} + \dot{Q}_{\text{aux}} \tag{5-27}$$

冷却水出口温度：

$$T_{\text{cw,out}} = T_{\text{cw,in}} + \frac{\dot{Q}_{\text{cw}}}{\dot{m}_{\text{cw}} Cp_{\text{cw}}} \tag{5-28}$$

机组 COP：

$$COP = \frac{\dot{Q}_{\text{chw}}}{\dot{Q}_{\text{aux}} + \dot{Q}_{\text{hw}}} \tag{5-29}$$

5.6.5 其他部件模型

除上文中介绍的主要部件外，太阳能空调系统中还包括如冷却塔和水泵等辅助部件。这些辅助部件的模型较为简单，这里不再赘述。有关辅助部件数学模型的详细说明可参见 * \ Trnsys17 \ Documentation 和 * \ Trnsys17 \ Tess Models \ Documentation 两个目录下的部件说明文件的详细介绍。

5.6.6 仿真优化

系统搭建完成后，选择需要输出的结果连接至在线打印部件 type 65d，按下 F8 运行模型，即可得到运行结果，如图 5-12 所示。

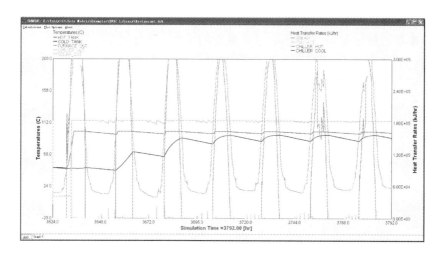

图 5-12 系统运行结果

除采用在线显示外，可以将结果通过打印机部件 type 25 等输出到 .dat 或 .xls 格式文件，再导入到 excel 或其他数据处理软件进行进一步的处理。

除运行模拟以外，TRNSYS 中自带了最优化的部件 TRNOPT，通过 TRNOPT 可以对系统进行进一步的优化设计。TRNOPT 界面如图 5-13 所示。通过导入 TRNSYS 文件，设置变量和目标函数，选择算法，点击 Run Optimization 即可以调用 Genopt 程序对系统进行优化设计。

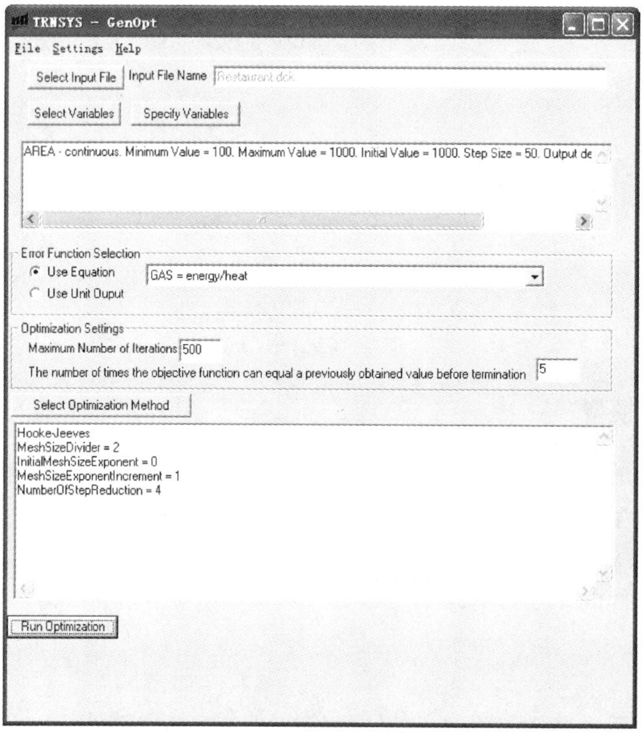

图 5-13 TRNOPT 界面

5.7 太阳能空调系统设计

根据以上内容，就可以开展太阳能空调系统详细设计。具体主要包括太阳能集热环节、蓄热环节、制冷机组选择、辅助能源或备用空调、蓄冷及输配系统等。其中辅助能源或备用空调主要根据太阳能制冷量与实际空调负荷之间的差额来确定。

开始设计的第一步是根据经验，初步选择系统的形式，之后进行方案比对和技术经济分析。太阳能集热系统在技术经济性分析中非常重要。需要根据当地气象条件和系统设计选择的集热温度，对产生单位热量的成本进行详细计算。制冷机组选择与太阳能集热器的性能密不可分，两者的良好匹配才能实现较高的太阳能制冷转换效果。由于气象、安装场地等条件限制，通常太阳能空调不能满足建筑空调全部负荷要求，因此还需要考虑辅助能源和备用空调机组，甚至蓄冷装置等，并进行制冷成本的分析比较。上述内容需要结合预设计、方案比对、仿真模拟、优化设计、技术经济对比等，最终完成系统设计。

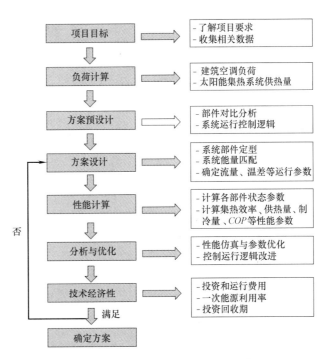

图 5-14　太阳能空调设计流程

图 5-14 所示为典型的太阳能空调系统设计流程，设计过程中，需要结合太阳能集热系统与制冷机组的匹配，空调系统与制冷机组的耦合，一次能源利用率分析和经济性分析等。在充分了解用户需求的基础上，因地制宜地根据气象条件、建筑类型和当地能源资源条件，经详细经济性分析，开展太阳能空调系统设计，才能实现太阳能空调系统的科学、合理应用。

本章参考文献

［1］　郑瑞澄. 民用建筑太阳能热水系统工程技术手册. 北京：化学工业出版社，2009.

［2］　Hans-Martin Henning. Solar-Assisted Air-Conditioning in Buildings. A Handbook for Planners.

［3］　陆亚俊，马最良，邹华平　编著. 暖通空调（第二版）. 北京：中国建筑工业出版社，2007.

［4］　张鹤飞. 太阳能热利用原理与计算机模拟. 西安：西北工业大学出版社，2014.

第6章　太阳能空调系统性能及效益评估

太阳能空调广泛应用的意义在于减少常规能源（如化石燃料、电力、天然气）的消耗。因此，在设计一个太阳能空调系统时，应当优先考虑能量评价指标（Energy performance）。此外，经济性指标（Economic performance）也很重要，在设计时，若能同时考虑能量评价指标和经济性指标则能获得最优化（即最节能）系统。本章对能源评价指标和经济性指标参数进行了定义和简单的描述，这对具体工程设计具有指导作用。

6.1　系统性能指标

6.1.1　制冷性能系数

传统空调由电能驱动，其制冷性能系数（COP）是指名义制冷量（制热量）与运行功率之比。如图 6-1 所示，太阳能冷水空调由热能 Q_{heat} 驱动，制冷量为 Q_{cold}，其制冷性能系数为 COP_{thermal}（thermal Coefficient of Performance），定义为制冷量和由此所需驱动热能之间的比值。

$$COP_{\text{thermal}} = \frac{Q_{\text{cold}}}{Q_{\text{heat}}} \qquad (6\text{-}1)$$

理想情况下的制冷性能系数为：

$$COP_{\text{ideal}} = \left(\frac{Q_{\text{cold}}}{Q_{\text{heat}}}\right)_{\text{ideal}} = \left(\frac{T_e}{T_c - T_e}\right)\left(1 - \frac{T_c}{T_g}\right) \qquad (6\text{-}2)$$

式中　T_e——蒸发温度，K；

　　　T_c——冷凝温度，K；

　　　T_g——再生温度，K。

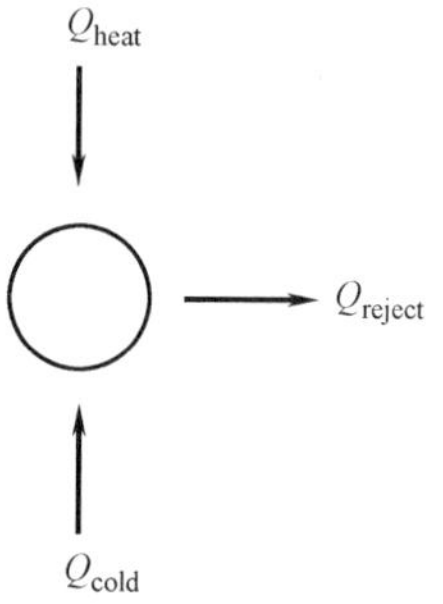

能够驱动吸收/吸附机的热源 Q_g 是多种多样的，太阳能是其中一种。

图 6-1　热驱动冷水机组的原理

从热力学的角度看，无论是热驱动还是电驱动的冷水机组，T_c 和 T_e 越接近，则 COP 越大，对太阳能冷水空调而言，T_g 越大越好。

在实际应用中，根据冷水机组所采用的技术和操作条件，再生温度 T_g 低则达到 55℃，高则达到 160℃ 以上[1]。例如，若 $T_g = 100℃ = 373.5K$，$T_e = 9℃ = 280.15K$，$T_c = 28℃ = 301.15K$，根据上式计算得到 $COP_{\text{ideal}} = 3.79$。吸收/吸附机的性能与运行条件，尤其是 T_g、T_e、T_c 密切相关。

图 6-2 所示是吸收/吸附机组 COP 曲线图，蒸发温度 9℃，冷凝温度 28℃。由此可见，吸附机所需要的驱动温度较低（55～80℃），能够较好地与太阳能集热器进行匹配，COP 能够达到 0.5～0.65 之间。单效吸收机获得的 COP 较高（0.6～0.75），同时也需要

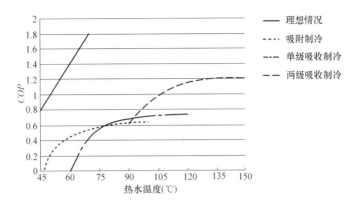

图 6-2　吸收/吸附机组制冷性能曲线图[1]

更高的驱动温度（75～80℃）。双效吸收机获得的 COP 最佳（约 1.2），但是相应的驱动温度也最高（120～160℃），比较适合与 CPC 追踪型集热器匹配。

为评价太阳辐射能转换为制冷能力，引入太阳能 COP（COP_{solar}），它是指集热器接收到的太阳辐射转变为制冷量的份额，定义式为：

$$COP_{solar} = \frac{Q_{cold}}{Q_{solar}} \tag{6-3}$$

6.1.2　除湿量与潜热负荷

对于太阳能除湿空调的性能评价指标包括除湿量和除湿效率，其中除湿效率是评价某一除湿过程与最优除湿过程的接近程度。

除湿量：

$$\Delta d = d_{in} - d_{out} \tag{6-4}$$

除湿效率：

$$\varepsilon_{de} = \frac{d_{in} - d_{out}}{d_{in} - d_{equ}} \tag{6-5}$$

式中　d_{in}，d_{out}——分别是除湿器除湿空气进出口空气含湿量；

　　　　d_{equ}——出口空气理论上能达到的最低含湿量。

6.2　能量评价指标

表 6-1 所示是太阳能空调系统和传统电力空调系统的能量评价指标比较。此表包含了所有类型的系统，与所选设备的类型无关。表格主要有三部分组成：组成部件及参数、系统设计和能量相关指标评价。组成部件及参数主要是系统部件如集热器、稳压罐、冷水机组和末端的规格参数等。这些值用于输入到表格中。系统设计是全年能量平衡计算的结果，这一过程可以使用一个已有的计算机程序或一个设计工具或其他任何计算方法。例如，第 5 章描述的方法可以用于此处的能量平衡计算。为了把太阳能空调系统与常规空调系统进行比较，常规空调系统的能量平衡计算也需要包括在内。

	单位	电力空调系统	太阳能空调系统
一、组成部件及参数			
1. 集热器类型	—	—	平板集热器
2. 集热器面积	m^2	0	200
3. 储热单元体积	m^3	0	18
4. 储冷单元体积	m^3	0	0
5. 空气流量	m^3/h	0	0
6. 辅助加热器	kW	18.8	17.9
7. 电驱动冷水机组额定功率	kW	29.4	0
8. 热驱动冷水机组额定功率	kW	0	29.4
9. 冷却塔额定功率	kW	0	74.6
二、系统设计（模拟结果）			
10. 全年电能消耗（包括泵、风机、控制系统）	kWh	24811	10997
11. 全年电驱动冷水机组耗电量	kWh	22388	0
12. 全年制冷/除湿耗热量	kWh	0	103329
13. 全年制热/加湿耗热量	kWh	14395	14395
14. 全年总耗热量	kWh	14395	117724
15. 全年辅助加热器产热	kWh	15152	14113
16. 全年一次能源产热	kWh	15950	14855
17. 全年辐照量	kWh	0	314980
18. 全年集热器产热	kWh	0	128803
19. 全年总制冷量（制冷/除湿）	kWh	67164	67164
20. 全年电制冷量	kWh	67164	0
21. 最大电力需求（按小时取）	kW	10.0	2.9
22. 全年总耗水量	m^3	0	368.3
三、能量评价			
23. 全年有用太阳热	kWh	—	103611
24. 全年集热器总效率	—	—	38%
25. 全年集热器净效率	—	—	30%
26. 全年电驱动冷水机组 COP	—	3.00	
27. 全年热驱动冷水机组 COP	—		0.65
28. 全年一次能源消耗	kWh	84868	45402
29. 全年一次能源节能量	kWh	—	39466
30. 相对一次能源节能量	—	—	47%
31. 单位面积集热器有用净输出	kWh/m^2		518
32. 单位面积一次能源节能量	kWh/m^2		197

　　能量评价指标的计算列于表格的最后一部分，该计算是基于第一部分基本参数的结

果。其中的参数定义如下：

全年有用太阳热：

$$Q_{use} = Q_{tot} - Q_{bu} \tag{6-6}$$

式中　Q_{tot}——全年制冷和采暖所需的总热量；

　　　Q_{bu}——全年辅助加热器的产热量。

全年集热器总效率定义为：

$$\eta_{gross} = \frac{Q_{coll}}{A_{coll} \cdot I_{coll}} \tag{6-7}$$

式中　Q_{coll}——全年太阳能系统的总产热量（包括未使用的多余热量）；

　　　A_{coll}——集热器吸收面积；

　　　I_{coll}——全年集热器吸收面上接受的总辐照。

全年集热器净效率定义为：

$$\eta_{net} = \frac{Q_{use}}{A_{coll} \cdot I_{coll}} \tag{6-8}$$

通过比较全年集热器总效率和全年集热器净效率可以得到未被利用的太阳能。

全年一次能源消耗定义为：

$$E_{PE} = \frac{Q_{bu}}{\varepsilon_{fossil}} + \frac{E_{elec}}{\varepsilon_{elec}} \tag{6-9}$$

式中　ε_{fossil}——用于辅助能源的化石燃料的一次能源转化效率；

　　　E_{elec}——用于水泵等的总耗电量；

　　　ε_{elec}——电力设备的一次能源转化效率；

　　　Q_{bu}——辅助热源全年提供的热量。

则全年一次能源节能量为：

$$E_{PE, save} = E_{PE, reference} - E_{PE, solar} \tag{6-10}$$

式中　$E_{PE, reference}$——传统电力空调系统的全年一次能源消耗量；

　　　$E_{PE, solar}$——太阳能空调系统的全年耗能量。

相对一次能源节能量为：

$$E_{PE, save, rel} = \frac{E_{PE, save}}{E_{PE, reference}} \tag{6-11}$$

单位面积集热器的节能量为：

$$E_{PE, save, spec} = \frac{E_{PE, save}}{A_{collector}} \tag{6-12}$$

$E_{PE, save, spec}$体现了每平方米集热器对于整个系统的节能所作出的贡献。

在第5章，太阳能保证率作为一个性能参数用于评价太阳能空调系统的运行性能。然而，由于太阳能保证率不能反映整个能量平衡状况，因此在某些场合中会难以据此评判。尤其对于太阳能空调系统，由于辅助能源的种类很多，因此很难定义太阳能保证率从而很好地评价太阳能空调系统。由于我们的目标是提高全年一次能源节能量，因此建议使用该参数将太阳能空调系统的能量评价指标量化。

对于整个系统的性能评估，有必要考虑全年工况。因此，所有以上提及的参数均考虑了供暖工况。尤其对于冬天具有较高辐照度的地区，太阳能空调系统还能覆盖掉很大比例的供暖所需能量。

以上定义了不同参数来比较太阳能空调系统和传统空调系统，其中最重要的参数是全年一次能源节能量。一种简单的一次能源消耗量分析方法是比较太阳能空调系统和传统空调系统的设计参数。

对于传统空调系统，单位一次能源消耗量可以通过下式计算：

$$PE_{\text{spec,conv}} = \frac{1}{\varepsilon_{\text{elec}} \cdot COP_{\text{conv}}} \tag{6-13}$$

式中　COP_{conv}——传统空调的能效系数；单位一次能源消耗量的单位为 $\text{kWh}_{\text{PE}}/\text{kWh}_{\text{cold}}$。

对于太阳能空调系统，辅助加热设备一般采用化石燃料驱动，其单位一次能源消耗量可以通过下式计算：

$$PE_{\text{spec,sol}} = \frac{1}{\varepsilon_{\text{fossil}} \cdot COP_{\text{thermal}}} \cdot (1 - SF_{\text{cool}}) + PE_{\text{spec,cooling tower}} \tag{6-14}$$

式中　SF_{cool}——制冷工况的太阳能保证率；

COP_{thermal}——热驱动冷水机组的能效系数；

$PE_{\text{spec,cooling tower}}$——冷却塔的单位一次能源消耗量，$\text{kWh}_{\text{PE}}/\text{kWh}_{\text{cold}}$。

冷却塔的单位一次能源消耗量包括循环泵的耗电量，可以通过下式计算得到：

$$PE_{\text{spec,cooling\_tower}} = \frac{E_{\text{spec,cooling tower}}}{\varepsilon_{\text{elec}}} \cdot \left(1 + \frac{1}{COP_{\text{thermal}}}\right) \tag{6-15}$$

式中　$E_{\text{spec,cooling tower}}$——冷却塔的单位耗电量，$\text{kWh}_{\text{el}}/\text{kWh}_{\text{cooling}}$。

图 6-3 是冷却塔的一次能源消耗与耗电量和 COP_{thermal} 的关系图，由式（6-15）计算得到。例如，当 $PE_{\text{spec,cooling tower}}$ 为 $0.337\text{kWh}_{\text{PE}}/\text{kWh}_{\text{cold}}$，$COP_{\text{thermal}}$ 为 0.7 时，相对应的 $E_{\text{spec,cooling tower}}$ 是 $0.05\ \text{kWh}_{\text{el}}/\text{kWh}_{\text{cooling}}$。

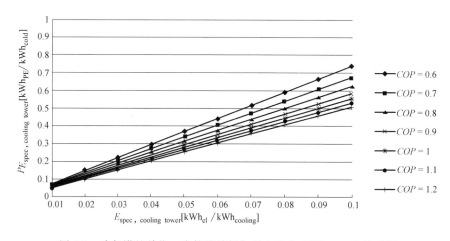

图 6-3　冷却塔的单位一次能源消耗与耗电量和 COP_{thermal} 的关系图

图 6-4～图 6-6 是太阳能驱动制冷系统的单位一次能源消耗量与太阳能保证率之间的关系图。当太阳能保证率为 0 时，表示所有的热量均由辅助热源提供。

图 6-4 是冷却塔的单位耗电量为 $0.02\text{kWh}_{\text{el}}/\text{kWh}_{\text{cooling}}$，图 6-5 和 6-6 分别为冷却塔的单位耗电量为 $0.05\text{kWh}_{\text{el}}/\text{kWh}_{\text{cooling}}$ 和 $0.08\text{kWh}_{\text{el}}/\text{kWh}_{\text{cooling}}$。图 6-3～图 6-6 中，一次能源转化效率 $\varepsilon_{\text{elec}}$ 取 0.36，用于辅助能源的化石燃料的一次能源转化效率 $\varepsilon_{\text{fossil}}$ 取 0.9。

图 6-4～图 6-6 同时表示了传统电力驱动空调的单位一次能源消耗量，该值由式 (6-14) 计算得到。在图中，上面的直线对应于 COP 为 2.5 的传统电力空调，下面的直线对应于 COP 为 4.5 的电力空调。COP 为 2.5 时，空调制冷量很小，COP 为 4.5 时空调较高效。

当 $COP = 0.7$，$E_{spec,cooling\ tower} = 0.05$，$SF_{cool} = 0.7$ 时，单位一次能源消耗量 $PE_{spec,sol}$ 为 $0.81kWh_{PE}/kWh_{cold}$（见图 6-3 和图 6-5），该单位一次能源消耗量比 COP 为 2.5 的传统电力空调低 27%，但是比 COP 为 4.5 的高效电力空调高 32%。上述分析表明，得到某一个 SF_{cool} 的值使得太阳能空调具有比传统电力空调更低的单位一次能源消耗量是很有必要的。系统性能随着太阳能空调的 COP 和太阳能保证率的增大而增大，随着冷却塔耗能量的增大而减小。

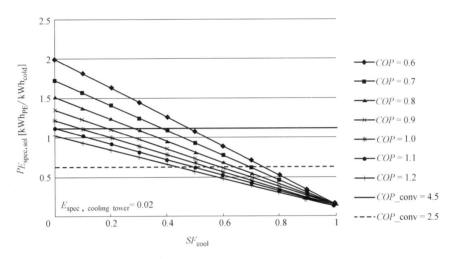

图 6-4　太阳能空调的单位一次能源消耗量与 COP 和太阳能保证率的关系（$E_{spec,cooling\ tower} = 0.02$）

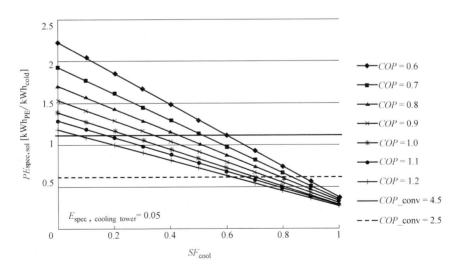

图 6-5　太阳能空调的单位一次能源消耗量与 COP 和太阳能保证率的关系（$E_{spec,cooling\ tower} = 0.05$）

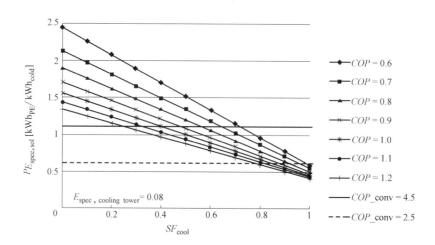

图 6-6　太阳能空调的单位一次能源消耗量与 COP 和太阳能保证率的关系（$E_{spec,cooling\ tower}＝0.08$）

对于除湿空调，可以使用同样的方法对传统空气处理装置和除湿空调在显热制冷和除湿两方面进行比较。转轮除湿系统不需要冷却塔，因此不需要考虑冷却塔的耗电量。但是，由于除湿转轮需要由转子带动，相对于电驱动除湿空调具有较高的压降，从而造成风机具有较高的能耗。所以，式（6-14）中的冷却塔单位一次能源消耗量 $PE_{spec,cooling\ tower}$ 应该替换成由于风机的额外消耗而产生的一次能源消耗量。

6.3　经济性指标

在设计一个太阳能空调系统时，除了考虑以上提及的性能指标、耗能指标之外，还需要考虑的是系统的经济性指标。首先，需要考虑所有部件的价格和安装费用，太阳能空调系统的初投资包括规划，设备的组装、施工和调试等步骤，相较于技术成熟的传统电力空调系统价格高出不少。根据当地环境条件、建筑要求、系统大小等条件的不同，比传统电力空调系统高出大约 2～5 倍[3]。各项相加（见表 6-2 的第一部分初投资）即为太阳能空调系统和电力空调系统的总初投资。在某些地区，由于政策补贴，太阳能空调系统的费用可以得到一定的降低，将这部分政策补贴考虑到总初投资内。

太阳能空调系统与电力空调系统的经济性指标比较[2]　　　　　　　表 6-2

	单位	电力空调系统	太阳能空调系统
一、初投资			
33. 太阳能集热系统（包括支架）	EURO	0	50000
34. 储热单元	EURO	0	9000
35. 辅助热源	EURO	7520	7160
36. 安装费用（包括管道、泵等）	EURO	10000	10000
37. 空气处理单元或除湿空气处理单元	EURO	0	0
38. 电驱动冷水机组	EURO	11760	0
39. 热驱动冷水机组	EURO	0	11760

	单位	电力空调系统	太阳能空调系统
40.冷却塔	EURO	0	2611
41.储冷单元	EURO	0	0
42.泵	EURO	750	750
43.控制系统	EURO	8000	8000
44.设计成本(planning costs)	EURO	3803	9928
45.总初投资(不考虑政策补贴)	EURO	41833	109209
46.政策补贴	EURO	0	25000
47.总初投资(考虑政策补贴)	EURO	41833	84209
二、运行维护成本			
48.年金现值系数(常规设备)	%	6.7	6.7
49.年金现值系数(太阳能系统)	%	—	5.1
50.资金成本	EURO	2811	4675
51.监测维护成本	EURO	837	1594
52.全年电费(消费)	EURO	4962	2199
53.全年电费(峰值)	EURO	1000	290
54.全年热费用(化石燃料)	EURO	606	565
55.全年水费	EURO	0	1105
56.全年总费用	EURO	10216	10428
57.全年太阳能系统附加费用	EURO	—	212
58.全年运行维护费用	EURO	7405	5753
三、对比评估			
59.投资回收期	a	—	25.7
60.一次能源节能量成本	EURO/kWh		0.005

太阳能空调系统的初投资可以衡量该系统在经济上的可行性。普遍来讲,初投资主要是由太阳能集热器和吸收机/吸附机/除湿空调决定。两种太阳能空调系统(除湿空调和吸收式空调)的初投资如图 6-7 所示,图中表明,集热器的费用占初投资的 20%~34%[3]。太阳能空调系统随着部件容量的增大(集热器面积增大,冷水机组制冷量增大等),初投资的费用呈减少的趋势[1]。

表 6-2 的第二部分是用于计算每年的设备运行和维护成本。年金现值系数用于计算太阳能空调系统和电力空调系统各自的初投资资金成本。由于这个表格考虑了不同的利率和设备寿命,对不同价格的太阳能子系统、冷水机组和空气处理单元都适用。总年度花费是通过把资金成本、监测维护成本、电费、热费用和水费相加得到的。为计算系统的经济性,定义如下几个参数:

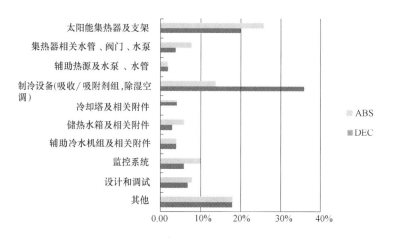

图 6-7 太阳能空调系统的初投资

太阳能空调系统的年额外消费 $\Delta C_{annual,sol}$：

$$\Delta C_{annual,sol}=C_{annual,sol}-C_{annual,ref} \tag{6-16}$$

式中 $C_{annual,sol}$——太阳能空调系统的年消费；

      $C_{annual,ref}$——电力空调系统的年消费。

由于太阳能空调系统比电力空调系统更省电，太阳能空调系统的年运行维护成本将会低于电力空调系统，据此发生的成本节约量 $\Delta C_{oper,annual,sol}$ 由下式计算得到：

$$\Delta C_{oper,annual,sol}=C_{oper,annual,ref}-C_{oper,annual,sol} \tag{6-17}$$

式中 $C_{oper,annual,sol}$——太阳能空调系统的年度运行维护成本；

      $C_{oper,annual,ref}$——电力空调系统的年度运行维护成本。

基于以上的定义，引入两个用于比较不同太阳能空调系统经济性的参数，这两个参数考虑了例如太阳能集热器面积、集热器类型以及储能方式等因素。第一个参数是投资回收期 $\tau_{payback}$，其定义如下：

$$\tau_{payback}=\frac{C_{invest,tot,sol}-C_{invest,tot,ref}}{\Delta C_{oper,annual,sol}} \tag{6-18}$$

式中 $C_{invest,tot,sol}$——太阳能空调系统的总初投资；

      $C_{invest,tot,ref}$——电力空调系统的总初投资。

以北京市太阳能研究所建立的太阳能吸收式空调及供热综合系统为例[4]，对太阳能空调供热综合系统的投资回收期做一些粗略的分析。该系统的制冷、供热功率为 100kW，空调、供暖建筑面积为 1000m²，热水供应量（非空调供暖季节）为 32m³/a，使用热管式真空管太阳能集热器，其面积为 540m²。

一套常规能源吸收式空调供热综合系统通常主要由锅炉、交换罐、制冷机、空调箱、通风道、生活用热水箱等组成。一套太阳能吸收式空调供热综合系统通常主要由太阳能集热器、锅炉、储热水箱（交换罐）、制冷机、储冷水箱、空调箱、通风道、生活用热水箱等组成。通过比较可以看出，太阳能空调供热综合系统与常规能源空调供热综合系统相比，在设备方面主要增加了太阳集热器，储冷水箱和控制系统（控制系统的功能包括控制太阳能集热系统的循环及控制太阳能不足时锅炉的自动启动与切换等）。由此可以得到太阳能综合系统需要增加的费用估算表（见表6-3）。

太阳能综合系统需要增加的费用估算表 表6-3

设备	费用/（万元）
真空管太阳能集热器	61.0
集热器支架及基础	3.2
管道(包括水泵和管件等)及保温	2.2
储冷水箱	4.0
安装、运输等	5.0
控制系统	9.0
其他	3.0
合计	86.4

假定冬季平均环境温度为－2℃（指目前太阳能系统的安装地），若达到室内平均温度18℃，则所需蒸汽量为197.25t/月。蒸汽价格按85元/t，供暖期按3.5个月计算，则供暖期耗能费用为：85元/t×197.25t/月×3.5月＝58682元。

根据经验数据，一般空调负荷时供暖负荷的1.5倍，空调期按3个月计算，则空调期耗能费用为：85元/t×197.25t/月×3月×1.5＝75448元。

假定春秋两季每天产生45℃的热水32 m³，若自来水温度为13℃，则使用期所需要热量为707436×10⁸kJ，换算成耗电量为196510度，电费按每度0.60元，使用期按5.5个月计算，则生活热水耗能费用为：0.60元×196510＝117906元。

将供暖期耗电量、空调期耗电量和生活热水耗电量相加得到全年总费用为：58682＋75448＋117906＝252036元。若太阳能保证率按照60%计算，则太阳能替代常规能源消耗费用合计为：252036×60%＝151222元。

这样，就可以估算出投资回收期为：864000÷151222＝5.7年。

综上所述，从经济性上分析，太阳能空调供热综合系统每年可节省常规能源消耗费用15.1万元。在太阳能系统上的投资，约5～6年的时间就可收回。

显而易见，只有当太阳能空调系统的年运行维护成本低于电力空调系统时，投资回收期这个概念才有意义。第二个要引入的参数叫一次能源节能量花费，其定义如下：

$$C_{\text{PE,saved}} = \frac{\Delta C_{\text{annual,sol}}}{E_{\text{PE,saved}}} \ (\text{E/kWh}_{\text{PE}})$$

式中 $E_{\text{PE,saved}}$——太阳能空调系统相对于电力空调系统的年一次能源节能量。

类似的，这个参数也只在太阳能空调系统的年消费高于电力空调系统时才有意义。在目前的成本和价格条件下，这很可能对大多数情况有效。如此，我们就可以用这个参数来比较不同措施的节能效果，因为它表明的是节省一个单位的一次能源消耗量所降低的成本。举例来说，用$C_{\text{PE,saved}}$可以比较太阳能空调系统和其他节能方法（如提高建筑围护结构隔热性能从而减少空调需求或其他传统空调系统的安装）的节能效果。$C_{\text{PE,saved}}$也可以比较不同的集热器类型、集热器面积、集热器阵列对节能效果的影响。

6.4 环境效益分析

从环境效益方面分析，太阳能空调具有以下意义：

（1）减少一次能源消费，从而减少化石燃料的消耗；

（2）相应地，能够减少 CO_2 排放，从而减轻温室效应和其他对环境的负面作用；

（3）不使用对臭氧层有破坏作用的工质，绿色环保；

（4）可通过集热器向建筑物提供需要的热量或在工业中供热用于各种工艺；

（5）有利于电网稳定，尤其在用电高峰期时。

6.4.1 CO_2 减排分析

太阳能空调系统的环境效益主要体现在因节省常规能源减少了污染物的排放，主要指标是二氧化碳排放量。

由于不同能源的单位质量含碳量是不相同的，燃烧时生成的二氧化碳数量也各不相同。所以，目前常用的二氧化碳减排量的计算方法是先将系统寿命期内的节能量折算成标准煤质量，然后根据系统所使用的辅助热源乘以该种能源所对应的碳排放因子，将标准煤中碳的含量折算该种能源的含碳量后，再计算该太阳能空调系统的二氧化碳减排量。其计算式为：

$$Q_{CO_2} = \frac{E_{PE,save} \times n}{W \times Eff} \times F_{CO_2} \times \frac{44}{12}$$ （6-19）

式中　Q_{CO_2}——系统寿命期内 CO_2 减排量，kg；

W——标准煤热值，29.308MJ/kg；

n——系统寿命，年；

Eff——太阳能空调系统的能效比；

F_{CO_2}——碳排放因子，见表6-4。

碳排放因子　　　　　　　　　　　　　　　　　　　　　表6-4

辅助热源	煤	石油	天然气	电
碳排放因子(kg碳/kg标准煤)	0.726	0.543	0.404	0.866

6.4.2 环境影响分析

太阳能空调系统对环境的正面作用显而易见，尤其在节能量和 CO_2 减排方面，然而从工程系统分析的角度看，仅仅考虑能量过程能量和它的直接环境负荷是远远不够的，还需要结合从寻找原料、原料开采、成形和组装部件到运输和安装系统的每一个过程的能源，甚至零部件的原料、维护和回收等过程。

每一个单独的过程都以各自的方式对环境产生影响，例如，通过消耗能源、物质资源和消耗潜在污染元素，对人体健康和自然环境产生影响。在文献中，此类分析通常被称为生命周期影响评估（LCIA），ISO标准14040系列已对其进行了详尽的描述和规范。据此，需要适合的影响指标对一个过程对环境的作用进行量化，例如全球变暖潜能（GWP）、酸化潜能（AP）、臭氧破坏潜能（ODP）等。

根据ISO标准，生命周期影响评估（LCIA）的第一步是"Inventory Analysis"，即，对原料、能耗等输入参数，排放等输出参数以及产品的弃用等数据的收集。第二步骤是"Impact Assessment"，此阶段根据数学、物理模型，利用自然科学或者经济学等工具来计算第一步的每个输出参数的影响。

从环境的角度看，评价系统优劣的指标是多种多样的。通常，最优设计来自多重标准的分析，其中必然包括经济性分析。

最后介绍一个实例，让读者对太阳能空调系统的能源评价指标和经济性指标有更好的认识。

太阳能＋燃油辅助游泳池热水及夏季除湿空调系统方案如图 6-8 所示。该系统主要由太阳能集热器、辅助热源（锅炉）、蓄热水箱、膨胀水箱、换热器、过滤设备、除湿空调、常规压缩式中央空调（未画出）以及循环水泵等组成。其中太阳能集热系统夏季用于提供转轮除湿机组处理潜热负荷所需消耗的再生热（常规中央空调机组用于显热负荷处理），冬季及过渡季节用于游泳池热水加热，辅助热源用于补足天气条件引起的热水需求。

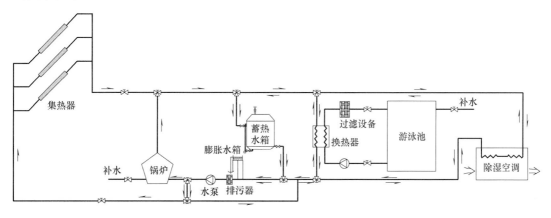

图 6-8　太阳能＋燃油辅助＋混合式除湿空调方案

系统工作原理描述如下：

（1）夏季空调：夏季炎热季节，太阳能集热器将收集到的热量（热水）送往除湿空调机组，驱动除湿空调进行空气调节。除湿空调工作原理是干燥剂除湿和蒸发冷却，其中除湿采用转轮式除湿器，可以实现连续除湿操作。干燥剂吸湿后需要加热再生以实现连续吸湿过程，这部分热量由太阳能提供。经除湿器干燥后的处理空气可进一步经蒸发冷却处理至合适的温湿度送到室内进行空调。此外，利用中央空调机组处理显热负荷以补足所需冷量。

（2）游泳池热水：冬季和过渡季节游泳池需要 24h 持续热水供应，以满足池内温度需求，白天天气晴好时，开启太阳能集热器集热，如果集热器不能满足泳池热量需要时，则开启辅助热源。

（3）冬季供暖：可根据游泳池和礼堂冬季供暖负荷进一步增大锅炉容量或添加锅炉，供暖季节将太阳能集热循环加热热水存于蓄热水箱，供暖时，水箱中的水通往供暖回路，结合礼堂原有空调系统散热供暖。如果太阳能利用条件比较恶劣或夜晚需要供暖时，开启辅助热源，结合礼堂空调系统实现供暖需要。

该系统主要特点总结如下：

（1）采用新材料、新流程的太阳能除湿空调技术

1）驱动热源温度 50～80℃，与太阳能集热器温位有很好的匹配；

2）额定工况下（再生温度不超过 80℃），热力 $COP \geq 1.0$；

3）用于处理空调潜热负荷（除湿）；

4）新风空调模式。

（2）采用常规空调系统处理显热负荷以补足冷量需求。

（3）两者结合有两个优点：

1）太阳能保证率可达 60％以上，显著节约电力消耗；

2）常规空调机组容量配置大幅减少，同时运行效率更高（节电 30％）。

设备选型及投资估算如表 6-5 所示。

太阳能空调设备参数及投资估算　　　　　　　　　　　　　表 6-5

项目	容量	预算(万)	备　　注
太阳能集热器	282m²	28	—
转轮除湿空调系统	50kW	35	选用制冷量为 50kW 的两级转轮除湿空调系统，型号为 TSDC5。其额定参数如表 6-6 所示
中央空调机组	130kW	—	已有
冷却塔	25T	2.5	—
燃油设备	75kW	—	已有
管路、泵及换热器	—	5.25	—
控制系统	—	5	—
安装费用	—	8	—
总计	—	83.75	—

TSDC7 型号及额定参数　　　　　　　　　　　　　表 6-6

项目	参数
机型代号	TSDC5
制冷量	50kW
热源水流量	25m³/h
热源水入口温度	≥60℃
配电量	5kW
使用电源	三相 380V/50Hz
空调风量	5000m³/h
COP	1.0

经济效益分析

1. 供暖部分

根据前面的热力计算，为保持泳池的热量平衡，每天需要确保的总热量应为：

$$Q_1 = Q_{a-d} + Q_e = 5994120 kJ/d = 1380000 大卡$$

为了得到同样的热量，使用柴油进行加热（柴油的燃烧值 10200kcal/kg）则每天需要运行费用为：

$$T = Q_1/(10200 \times 85\%) = 160kg \times 5.8 元/kg = 928 元$$

春秋两季完全用柴油总费用为：928×180＝167040 元（17 万元）。

冬季阳光不足和气温低，完全用柴油费用约为：1856×90＝17 万元。

全年（夏季除外）供暖估计费用约为 35 万元。

采用太阳能后冬季和过渡季节由集热系统提供的能量分别为 1020187kJ/d 和 1785381kJ/d，

共计节约运行费用：

$$(1020187 \div (10200 \times 85\%) \times 90 + 1785381 \text{ kJ/d} \div (10200 \times 85\%) \times 180) \times$$
$$5.8 \div 4.1868 = 66019.41 元 (6.6 万元)$$

2. 制冷部分

夏季太阳辐射强，太阳能利用率最高，其能量可用作制冷。根据前面的负荷计算，为实现大会堂的空调负荷需求，按平均每天空调工作 10h 计算，太阳能除湿空调的电力 COP 取 10，与除湿空调相结合的电空调 COP 取 3.5（不承担潜热负荷，蒸发温度提高），则由总装机容量确定的每天耗电量为：

$$S = 50 \times 10/10 + 130 \times 10/3.5 = 421.4286 \text{kWh/d}$$

而如果用电制冷，COP 为 3，此时对应装机容量下每天的耗电量为：

$$S' = 180 \times 10/3 = 600 \text{kWh/d}$$

则每天节省耗电为 $600 - 421.4286 = 178.5714 \text{kWh}$。

如果按每度电 1 元，则每年的夏季节省电费（能源费）：

$$178.5714 \times 90 = 16071.4 元 (1.6 万元)$$

夏季可节约能源费：1.6 万元。

综上所述，总的节约费用为：6.6 万元 + 1.6 万元 = 8.2 万元/a。

3. 投资及环保效益对比（见表 6-7 和表 6-8）

投资比较　　　　　　　　　　　　　　　　　　　　表 6-7

方案	机组总投资（万元）	集热器投资（万元）	设备初投资（万元）	控制系统（万元）	安装费（万元）	运行费用（万元/a）
太阳能+燃油+常规辅助空调	38.75	28	66.75	7	10	32.2
燃油+常规空调	29.72	0	29.72	5	5	40.4

注：机组总投资包括空调机组投资、及相关附件等；运行费用包括电费、维修费及人员工资等。

环保效益比较　　　　　　　　　　　　　　　　　　表 6-8

方案	初投资节约率（%）	运行费用节约率（%）	环保效益(CO_2 减排量)(kg/a)
太阳能集热+转轮除湿+VRV 空调方案	−55.49	25.47	17279
独立 VRV 空调方案	—	—	—

4. 回收期（见图 6-9）

分析可以看出，太阳能空调系统的经济性及环保效益非常显著，相对于传统能量系统，太阳能集热＋燃油辅助＋转轮除湿＋常规空调方案运行费用节约 25.47%，而且在污染物排放方面，CO_2 减排量为 17279kg/a。此外，虽然太阳能空调系统的初投资比传统能量系统高很多，但其回收期是可观的，在 5 年左右即可实现回收。可见，太阳能系统不仅具有良好的经济性，而且对维护生态环境有着深远的意义。

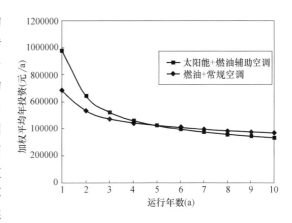

图 6-9　系统投资回收期示意图

本章参考文献

［1］ Hans-Martin Henning，Mario Motta，Daniel Mugnier. Solar Cooling Handbook，a guide to solar assisted cooling and dehumidification processes，3rd completely revised edition.

［2］ Hans-MartinHenning. Solar-Assisted Air-Conditioning in Buildings，A Handbook for Planners.

［3］ ROCOCO. Reduction of costs of solar cooling systems，Final Report 2008，Anita Preisler coordinator，Sixth Framework Programme.

［4］ 罗运俊，何梓年，王长贵编著. 太阳能利用技术. 北京：化学工业出版社，2004.

第7章　太阳能空调设计实例

7.1　太阳能吸收式空调实例

7.1.1　基于中温槽式集热器的太阳能单效吸收式空调系统

1. 系统组成

系统流程如图 7-1 所示，该系统主要由槽式太阳能集热器阵列、储能水箱、溴化锂吸收式冷水机组、空气加热器（HX-1 和 HX-2）、集热循环泵、热水循环泵、冷却水循环泵、冷却塔以及阀门、管道、控制系统等组成。图 7-2 所示为万科试验塔实物图。

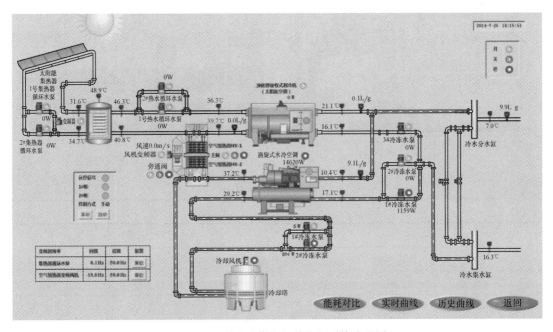

图 7-1　万科试验塔太阳能空调系统流程图

2. 工作原理

晴好天气，空调季节通过槽式太阳能集热循环加热工质（承压水），通过水箱中的盘管式换热器将热量传递给储热水箱中的水，这部分热水将热量送往吸收式制冷机，产生空调冷媒水供房间风机盘管使用；阴雨天，太阳能集热器无法驱动吸收式冷水机组，此时开启常规电制冷系统实现冷量输出。太阳能吸收式冷水机组热水温度要求 90℃，产生的冷量（7～12℃冷媒水）通过风机盘管送往空调房间，而冷却塔用于带走吸收式制冷机冷凝排热。该复合能量空调系统还包含强化自然通风的功能，采用吸收式制冷机组，热源侧出口热水为自然通风道内的两个空气加热器进行加热，使得加热器周围空气温度上升，从而形成自然通风的效果，提高了空调房间内人体的舒适度。

图 7-2 万科试验塔实物图

3. 主要设备参数

（1）槽式集热器

槽式集热器（见图 7-3 和图 7-4）共有 13 组，每组均由单独的控制器控制跟踪动作。集热器上方的一侧安装有光线探头，其轴线与集热器开口平面垂直。探头可以检测太阳光线直射辐射强度以及光线入射角度，并将光信号转换为电信号，反馈给控制器，控制器再根据反馈信息驱动伺服电机动作，实现对太阳的追踪。集热器准确追踪太阳时，光线经抛物镜面反射聚焦到真空管上，形成一条明亮的光斑，如图 7-4 所示。

槽式集热器的主要技术参数如表 7-1 所示。

图 7-3 集热器系统图

图 7-4 集热器准确对焦

集热器技术参数 表 7-1

参 数	数 值
集热温度	150～200℃
工作压力	≤0.6MPa
驱动功率	70W
环境温度	≤50℃
集热面积	14.4m²/组

（2）单效溴化锂吸收式制冷机

太阳能空调选用远大吸收式制冷空调（别墅空调），为热水型冷水机组，型号为 BCTDH70，图 7-5 为产品示意图及控制面板。表 7-2 为制冷机的技术参数。

热水型单效溴化锂吸收式机组参数 表 7-2

技术参数	数值
制冷量	45kW
冷水出/入口温度	7℃/12℃
冷水流量	7.75m³/h
扬程	11mH₂O

技术参数	数值
热源水入/出口温度	98℃/88℃
热源水流量	6m³/h
配电功率	9kW
额定电压/频率	380V/50Hz

（3）涡旋冷水机组

电制冷空调为麦克维尔模块式水冷冷水机组（见图7-6），内置双级压缩涡旋机。末端冷负荷较小时，只开启一级压缩；末端负荷较大时，开启双级压缩。单双级压缩由机组自动智能切换。机组主要技术参数如表7-3所示。

水冷冷水机组技术参数　　　　　　　　　　　　表 7-3

技术参数	数值
型号	WGZ020BM
额定制冷量/制热量	66.3kW/79.0kW
额定制热输入功率/电流	13.3kW/29.2A
蒸发侧水流量（制冷/制热）	11.4/0.6 m³/h
冷凝侧水流量（制冷/制热）	14.3/13.6m³/h
COP	4.98

图 7-5　远大制冷机与控制面板

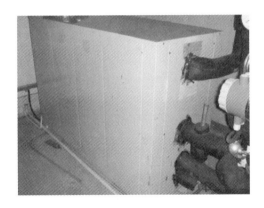

图 7-6　麦克维尔模块式水冷冷水机组

4. 系统运行模式

根据日间太阳辐照情况，太阳能空调系统运行主要可分三个模式，分别为：

（1）晴天或多云天气：1）太阳能制冷模式：在晴天或多云天气，太阳辐射较强，水箱温度高于85℃时，利用太阳能直接驱动吸收制冷机产生冷冻水供给空调房间；2）辅助制冷模式：判断空调房间负荷情况（可简单根据盘管开启数量判断），负荷大于吸收式制冷机制冷量（根据冷水侧进出口温差和流量计算，最大23kW），启动电制冷机；或者当太阳辐射条件变化时，吸收式制冷机组进口热水温度降低，当低于85℃时，无法驱动太阳能空调，启动电制冷机。

（2）阴雨天气：电制冷模式：当遇到阴雨天，或辐照条件不好，太阳能空调系统无法运行时，运行常规电制冷机组满足制冷需求。

（3）晴天或多云天气开机/关机流程（见图7-7和图7-8）：

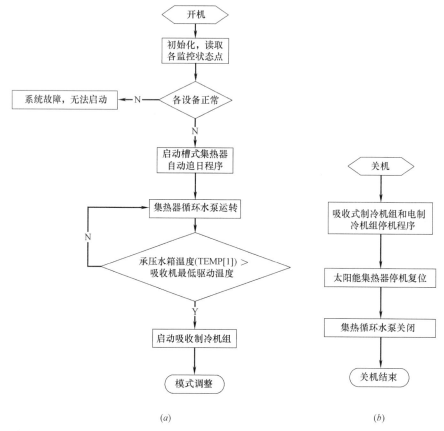

图 7-7　晴天或多云天气太阳能空调系统开机程序
（a）开机；（b）关机

5. 系统性能分析

（1）集热器性能

系统性能测试时间为 2014 年 7 月 15（晴天）进行，运行的条件为：流速稳定在1.3kg/s，环境温度在 35℃ 左右，导热工质为水。图 7-9 为当天槽式集热器开口面法向的太阳直射辐射强度，每隔 10min 采集一次数据。直射辐射强度在下午 1 点左右达到峰值，约为 800W/m² 。

在此直射条件下，每隔 10min 采集一次数据，包括：集热器进口水温、集热器出口水温、环境温度。槽式集热器进出口水温、集热器的瞬时效率如图 7-10 所示。从图可以看出：1）当天环境温度基本保持在 35℃；2）集热器进出口水温呈单峰型分布，最高出水温度为 120.9℃，出现在 13：10；最大进出水温差为 12.8℃，出现在 11：20；3）集热器集热效率在正午左右并不是最大，上午和下午时刻效率较高；最大集热效率为 81.4%，出现在上午 9：20。使用归一化温差 T^* ，得出集热器一次效率曲线如图 7-11 所示。

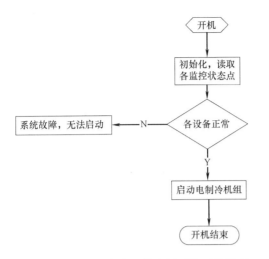

图 7-8 阴雨天气太阳能空调系统开机程序

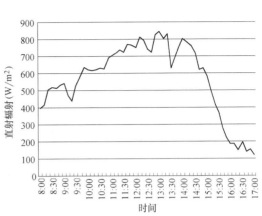

图 7-9 东莞 2014 年 7 月 15 日白天太阳
直射辐射强度变化情况

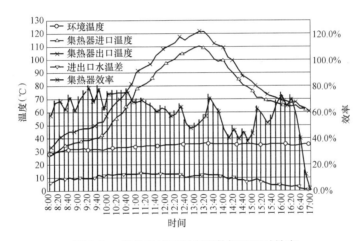

图 7-10 集热系统工况实测数据及逐时效率

（2）涡旋机组性能

电空调的测试情况如下：选取了东莞典型的天气对电空调 COP 进行了计算，当天环境温度和室内温度如图 7-12 所示，电制冷空调运行参数如图 7-13 所示，电制冷空调 COP 如图 7-14 所示。

（3）单效吸收式制冷机组性能

图 7-15 为吸收机热媒水进出口温度和冷冻水进出口温度随时间的变化曲线，

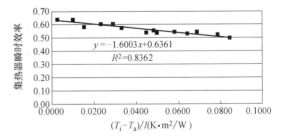

图 7-11 中温槽式集热器瞬时集热效率

由该图可知：1）热媒水供回水温度一直在下降，供回水温差逐渐缩小（由开始的 10.3℃ 到最后的 4.0℃）；2）冷冻水供回水温度也一直下降，供回水温差开始时段内基本维持在 4.5℃。

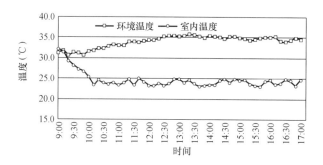

图 7-12　室内温度和环境

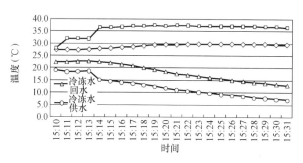

图 7-13　电空调运行参数变化

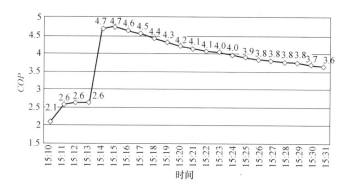

图 7-14　电空调 COP

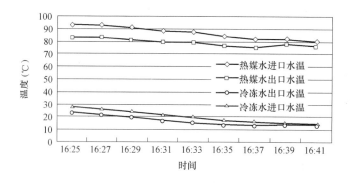

图 7-15　溴化锂吸收式制冷机热媒水/冷冻水进出口温度变化情况

图 7-16 为制冷量（功率）和 COP 随进入制冷机的热媒水温度的变化曲线。由图可知：1）热媒水进口温度在 90℃ 以上时，溴化锂吸收式制冷机制冷量接近 40kW，COP 接近 0.6；2）热媒水进口水温低于 90℃，且持续降低时，溴化锂吸收式制冷机制冷量和 COP 均迅速下降。

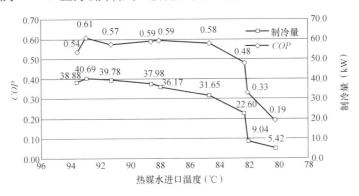

图 7-16　溴化锂吸收式制冷机热媒水/冷冻水进出口温度变化情况

7.1.2　基于黑腔槽式集热器的太阳能双效吸收式空调系统

1. 系统组成

基于腔体吸收器的中温槽式太阳能空调系统在日出东方太阳能有限公司进行了示范应用。该太阳能空调、供暖与供热水复合能量系统示意图如图 7-17 所示。"中温槽式太阳能集热器与双效溴化锂吸收式制冷机相结合的太阳能空调方案"分别由中温槽式太阳能集热系统、辅助电加热、制冷机、水箱、空调末端、冷却塔和生活热水系统组成，其中中温槽式太阳能集热器共 80m²，采用上海交通大学研制的基于三角腔式吸收器的槽式集热器，该集热器可持续、高效、稳定地生成温度达 150～200℃ 的热水；制冷机采用双效溴化锂吸收式制冷机，制冷量为 18kW；水箱为一个非承压水箱（一般水箱）。该系统不仅可以将太阳能和传统常规能源相结合，满足建筑物的空调和生活需热水需求，实现太阳能的制冷、供暖、热水三联供的功能，而且具有在太阳能和传统能源之间自动切换的功能，保证整个系统在高效率状态下运行，其主要特点：

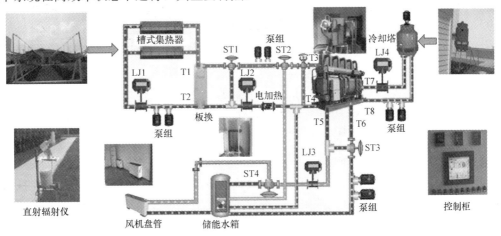

图 7-17　日出东方太阳能空调、供暖和供热复合系统示意图

（1）全年利用：视季节不同，具有供冷、供热、供热水等功能；

（2）工作模式可选择：根据太阳能供热温度，既可依靠太阳能单独运行，也可与辅助电加热耦合运行；

（3）一次能源率高，保证全年系统总能耗中太阳能比例占到30%～60%，确保能源运行费用较低，与传统压缩机制冷系统相比具有节能优势。

2. 设备参数

图7-18为示范建筑、中温槽式集热器、双效溴化锂吸收式制冷机、油水板式换热器、泵组、太阳直射辐射仪、数据采集与监控系统、冷却塔、承压水箱。主要设备参数如表7-4所示。

主要设备参数　　　　　　　　　　　　　表7-4

太阳能集热系统	参数	制冷系统	参数
集热器	中温腔体槽式集热器	制冷机	双效溴化锂吸收机
集热面积	80m²	制冷能力	18kW
集热温度	130～160℃	冷冻水出口温度	13℃
集热效率	0.45(150℃)	供空调用户面积	130m²

图7-18　示范系统组成实物图

（a）中温太阳能空调示范系统；（b）三角腔体中温槽式集热器；（c）18kW双效溴化锂吸收式制冷机；
（d）油水板式换热器；（e）泵组；（f）辐照仪；（g）控制/采集系统；（h）冷却塔；（i）蓄能水箱

3. 系统运行模式和控制策略

中温槽式太阳能集热器与双效溴化锂吸收式制冷机相结合的太阳能空调方案中所设计的系统可以通过对阀门和水泵的控制，实现对系统在不同季节和不同工况模式下的自动切换。该系统的基本运行模式如图7-19所示，在夏季，槽式集热器的出口温度能达到150℃左右，驱动双效吸收式制冷机制冷，为日出东方远程控制中心供冷。冬季，槽式集热器能将储能水箱中的水加热到 70~80℃，给房间供热。

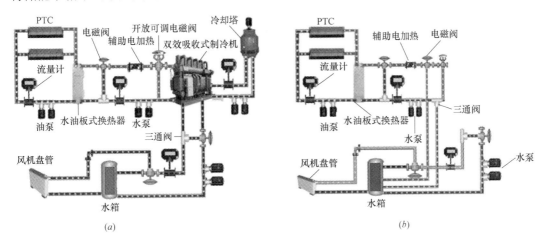

图 7-19　系统运行模式

(*a*) 夏季制冷模式；(*b*) 冬季供暖模式

4. 系统性能测试分析

系统性能测试时间为 2012 年 8 月 31（晴天）进行，运行的条件为：流速稳定在 280g/s，环境温度在 30℃左右，导热油型号为首诺 55，其物性参数随温度变化值可以通过说明书查到，两组槽式集热器系统实际试验效果见图 7-20。可以看出，从早上 8 点，经过 1h，能将系统导热油温度加热到 120℃，由于连云港以多云天气为住，测试当天上午 10 点

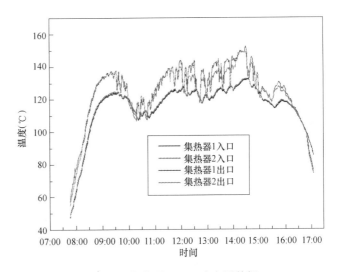

图 7-20　集热器入口温度实测数据

左右出现了多云天气，11 点后辐照出现好转。平均进出口温差为 15℃，最大进出口温差可以达到 20℃。集热器效率在 150℃能达到 35%，比设计预期 45%左右低。其主要原因是由于测试当天太阳直射辐射平均值为 440W/m²，比正常测试辐照值偏低，因而对效率的影响较大。

制冷机的性能测试如图 7-21 所示，从图中可知：

(1) 制冷机冷冻水入口温度在 12~13℃范围内，相应的冷冻水出口温度在 7~9℃之间，其变化趋势一致。

(2) 制冷机冷却水入口温度在 30~32℃范围内，相应的冷却水出口温度在 34~36℃之间。

(3) 制冷机 COP 随着热水入口温度的提高而升高，COP 的变化范围为 0.4~0.7。室温能维持在 26℃，基本满足太阳雨远程控制中心的用冷需求。

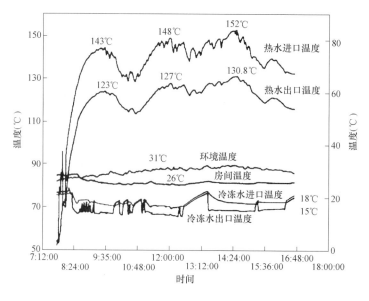

图 7-21　制冷机运行数据

7.1.3　基于线性菲涅尔集热器的太阳能单/双效吸收式空调系统

　　单双效自动切换式太阳能吸收空调系统设立在上海电气集团中央研究院。针对利用太阳能进行供暖和制冷的应用需求，提出一种基于线聚焦菲涅尔太阳能集热器、熔盐蓄热装置、单/双效溴化锂吸收式制冷机的太阳能中温集热、储热空调系统。在该系统中采用了单双效自动切换的溴化锂吸收式制冷机，可根据太阳能热能温位匹配自适应调节，从而自动进行双效和单效工况的切换，与中温集热器匹配，在提高日均能效和太阳能保证率的同时可有效延长供冷时间，突破了常规单效和双效吸收机无法较大范围调节工况的局限性。

　　1. 系统集成

　　该系统主要由四大子系统或主要部件组成，如图 7-22 所示：菲涅尔太阳能集热子系

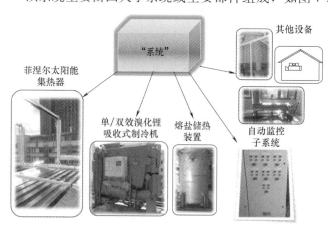

图 7-22　系统主要部件示意图

统，单/双效溴化锂吸收式制冷机，熔盐储热装置和自动监控子系统。除此之外，系统还包括冷却塔、板式换热器、电加热器、风机盘管以及管道和其他辅助设备。

　　2. 系统原理

　　太阳能光、热、储综合利用系统的总体要求是夏季供冷和冬季供暖。基于太阳能空调系统对气候有依赖性这一特点，

在系统设计中必须充分考虑系统的启动、能量的储存、太阳能与热能、储能的切换以及系统的安全性等一系列因素。

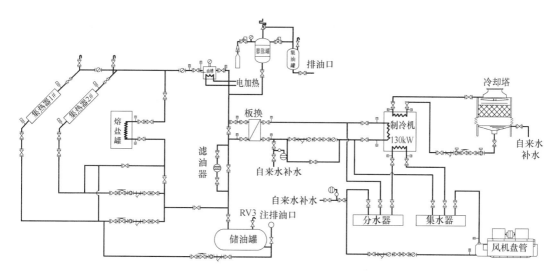

图 7-23　系统原理示意图

　　系统原理如图 7-23 所示。夏季白天，系统通过菲涅尔太阳能集热器吸收太阳直射辐射并将其转化为热量，在制冷模式下优先把太阳能通过板式换热器以热交换的方式加热热水循环，高温热水用以驱动一台最高制冷功率为 130kW 的单/双效溴化锂吸收式制冷机，制冷机产生的冷冻水再通过风机盘管最终送入空调房间；当太阳充足时，通过系统阀门的切换和调节，可以分流一部分太阳能至系统储热装置。当太阳辐照不足时，储热装置和电加热装置可以对系统放热作为补充或是辅助热源。到了夜晚，充分利用上海地区峰谷电价政策，通过电加热器对储热装置储热，根据计算，其储热量足够制冷机在无太阳能加热的情况下单效持续工作 2h。

　　在冬季工况下，集热侧与储热侧的运行原理与夏季工况相同，不同的是加热后的热水循环不再经过制冷机而是直接通过风机盘管送入供暖房间。

　　3. 系统主要部件

　　（1）菲涅尔太阳能集热器

　　菲涅尔太阳能集热器全称为线性菲涅尔太阳能反射聚焦集热器，主要是通过反射聚光的形式加热吸收器（腔）内流动的工质。与传统普通太阳能集热器相比，如太阳能平板集热器、真空管集热器等，菲涅尔太阳能集热器具有集热温度高的特点。更高的集热温度也就意味着更高的热利用效率和更高的空间利用率，这一点对于类似上海地区这样的人口密集型大都市尤其显得珍贵。与其他反射聚光型太阳能集热器相比，如槽式、塔式、碟式等太阳能集热器，尤其是在需要大面积镜场安装时，具有结构简单，制作、运行成本低和抗风性能优良等特点。菲涅尔太阳能集热器由抛物槽式聚光系统演化而来，可设想是将槽式抛物反射镜线性分段离散化，如图 7-24 所示。与槽式抛物反射技术不同，菲涅尔太阳能集热器的镜面布置无需保持抛物面状，离散镜面可以处在同一水平面上，同时其吸收器（腔）是固定安装的。从这两方面来说，菲涅尔太阳能集热器的制造成本较槽式来说会明

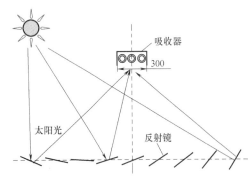

图 7-24　菲涅尔太阳能集热器原理示意图

显较低。为提高聚光比，维持高温时的运行效率，在有的集热管的顶部还安装有二次反射镜，吸收器（腔）开口处安装有透明玻璃面盖以防止对流散热损失。

　　整个集热系统由 24 套型号为 F2-M1 的菲涅尔太阳能集热器单元组成，根据楼顶的实际可安装空间，2 号楼楼面合计安装 11 套，集热面积合计 252m²，3 号楼楼面合计安装 13 套，集热面积合计 298m²，实际安装及聚光效果如图 7-25 所示。

图 7-25　菲涅尔太阳能集热系统安装及聚光效果实物图

　　如图 7-26 所示，每套菲涅尔太阳能集热器单元主要由反射镜面组、吸收器（腔）和支撑结构三大部分组成。反射镜面组由多块带有一定曲率半径的微弧形镜面组成。这些镜面可以根据太阳跟踪系统发出的指令，在统一的动作机构操作下自动跟随太阳的偏转，时刻保证将太阳辐照反射至吸收器（腔）内的集热管上。并且根据镜面所在集热器单元位置和角度的不同，为了更好地提高太阳能的反射率，其曲率半径也会有略微的差别。吸收器（腔）的主要功能在于最大限度地吸收由反射镜面组反

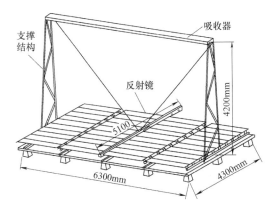

图 7-26　F2-M1 菲涅尔太阳能集热器单元外形尺寸及结构示意图

射的太阳直射辐射，在其内部是由三根并行连接的涂敷有选择性涂层的金属集热管组成。

这样设计的目的是为了在增加吸收管吸收面积的同时降低由于管路连接过长导致的沿程阻力的增大。由于菲涅尔太阳能集热器自身的结构特点，其支持结构可以设计得较为轻便简单，这也在成本造价方面降低了很多。

关于菲涅尔太阳能集热系统的设计及运行参数详见表7-5。

菲涅尔太阳能集热系统设计及运行参数　　　　　表7-5

	2号楼	3号楼
模块数	11	13
集热面积	252m²	298m²
集热管连接长度	66m	78m
集热单元高度	4.2m	
循环工质	THERMINOL® 55	
反射系数	0.9（洁净）	
工质流量	1.34kg/s	

（2）100kW 单/双效溴化锂吸收式制冷机

该太阳能空调系统采用了一台单/双效溴化锂吸收式制冷机，其实物如图7-27所示，具体设计参数见表7-6。

单/双效溴化锂吸收式制冷机主要性能参数　　　　　表7-6

型号		RXZ-130	
额定制冷量		134kW	91kW
热水	热水流量	11.0m³/h	11.0m³/h
	进/出口温度	150℃/140℃	105℃/95℃
	接管管径	DN50	
	压力损失	80kPa	
冷水	冷水流量	23.0m³/h	
	进/出口温度	12℃/7℃	12℃/8.4℃
	接管管径	DN65	
	压力损失	70kPa	
冷却水	冷却水流量	44m³/h	
	进/出口温度	31℃/36℃	31℃/35.3
	接管管径	DN80	
	压力损失	70kPa	
电源		380V/3ϕ/50Hz	
耗电量		0.7kW	
冷量调节范围		20%～100%	
外形尺寸	长	2700mm	
	宽	1300mm	
	高	2420mm	
运输重量		4500kg	

4. 系统性能分析

（1）线性菲涅尔集热器热损失

图 7-28 为集热器热损失的实测数据。从测试结果可以看出，集热器的热损系数以指数形式变化。因为在热损失各项中以辐射热损为主，在低温区段热损系数较小，而随着温度的升高，热损系数会急剧增加。在温度区间为 80～160℃ 时，热损失系数为 12.2～34.5W/(m² • K)，与直通式真空管相比，腔体吸收器的热损系数要大很多，但是，腔体吸收器对系统的真空度没有要求，并且对选择性涂层的要求也较低，因此其技术难度和加工成本都要低于基于真空管的聚光太阳能系统。

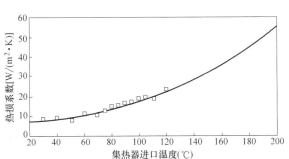

图 7-27　RXZ-130 单/双效溴化
锂吸收式制冷机

图 7-28　热损系数的实验拟合图

（2）线性菲涅尔集热器集热效率

线性菲涅尔集热器的归一化集热效率如图 7-29 所示。在直射辐射为 680W/m² 的条件下，集热温度为 85℃ 时，集热效率约为 51%；集热温度为 105℃ 时，集热效率约为 45%；集热温度为 160℃ 时，集热效率约为 22%

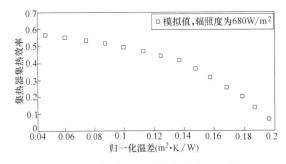

图 7-29　集热器集热效率的实验数据

（3）制冷机组性能分析

图 7-30 与图 7-31 分别为单/双效吸收式制冷机的热力 COP 以及制冷量随进口热水温度变化的关系图。由模拟与实测数据可以看出，随着进入制冷机的热水温度的升高，COP 和制冷量逐步升高，当达到设计温度 105℃ 左右时，COP 达到 0.7 左右，制冷量达到 90kW，随着温度不断上升，系统的 COP 和制冷

量基本不再变化，这是因为当温度达到设计值以后，单效模式从结构和原理上来说，其制冷能力都已经达到最大，此时，多余的热量就会进入高压发生器对其进行预热，当输入足够多的热量以后，高压发生器开始工作，制冷机进入双效模式，COP 和制冷量都得到较大的提高；另外一点是，在 135～140℃ 左右，即发生从单效向双效的过渡区时，COP 和制冷量会有下降，这是因为从单效向双效转换时，高压发生器及相关泵开始工作，能量消耗增加，且由热水输入的热量，部分流向高发，因而造成 COP 和制冷量的略微下降。

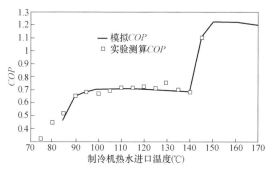

图 7-30　制冷机 COP 与热水进口
温度的变化关系曲线

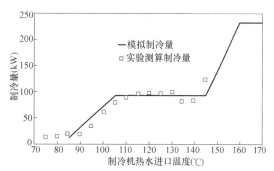

图 7-31　制冷机制冷量与热水进口
温度的变化关系曲线

图 7-32 为制冷机冷冻水出口温度与进口热水温度的变化关系曲线，由该曲线可以看出：经过制冷机作用输出的冷冻水温度，基本符合设计值，当热水温度高于 145℃ 后启动双效模式，冷冻水温度出现明显下降，制冷效果明显。

（4）典型天空调系统动态运行特性分析

图 7-33 为上海地区典型夏季工况的太阳辐射、线性菲涅尔集热器进出口温度及

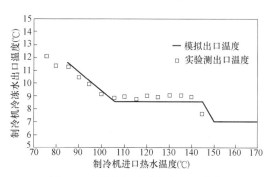

图 7-32　制冷机冷冻水出口温度与
进口热水温度的变化关系曲线

环境温度曲线。从图 7-34 中可知：线性菲涅尔集热器出口温度与太阳辐射密切相关，随着太阳辐射的增强而升高，反之则降低；集热器出口温度峰值约为 190℃。图 7-34 为吸收制冷机全天性能曲线，其中灰色区域表示为制冷机双效运行模式，在该模式下，制冷 COP 基本维持在 1.1 左右；由于早上和傍晚太阳直射辐射相对较弱，此时吸收制冷机只能运行单效模式，其制冷 COP 在 0.4～0.7 范围内变换，随着太阳辐射强度的增加，COP随之提高。全天平均 COP 约为 0.85 左右，很大程度上提高了太阳能空调系统的制冷时间和能效水平。

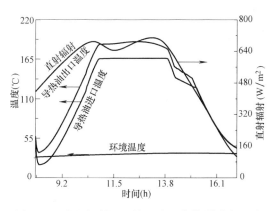

图 7-33　太阳辐射、环境温度和集热器进出口油温

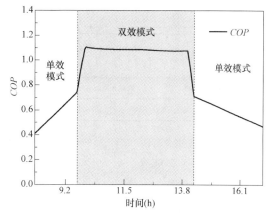

图 7-34　吸收制冷机全天运行 COP 曲线

7.1.4 基于中温线性菲涅尔集热器的 1.N 效吸收式空调系统

基于中温线性菲涅尔集热器的 1.N 效吸收式空调系统能够实现制冷、发电、储热、制取生活热水等多项功能，集合了吸收式制冷技术、ORC 发电技术、熔盐相变蓄热技术与板式换热技术等。图 7-35 为系统功能示意。

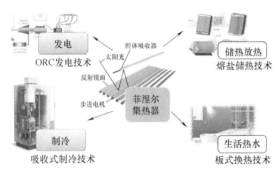

图 7-35 太阳能跟踪聚焦光热系统功能

系统主要由菲涅尔集热器、汽包、蒸汽型溴化锂吸收式制冷机、蒸汽型有机朗肯循环（ORC）发电机组、板式换热器、冷却塔、补水水箱、电加热器等构成。菲涅尔集热器将太阳辐射的热量转化成水的热量，在吸收器及汽包中产生蒸汽，蒸汽再流经吸收式制冷机或ORC 发电机进行制冷或发电。在集热器集热量充足的情况下，蒸汽也可进入储热罐，将热量储存起来，在集热器集热量不足时再释放热量给水加热。图 7-36 为光热系统原理图。

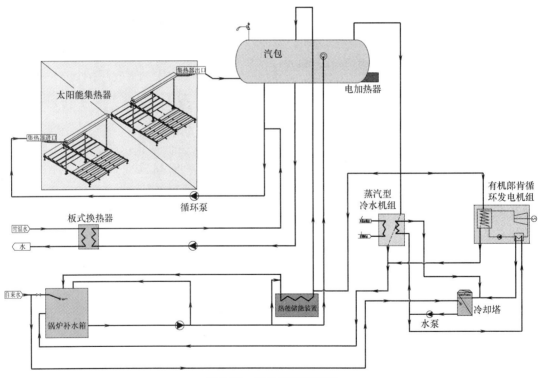

图 7-36 光热系统原理图

1. 系统主要部件

（1）集热器

系统使用线性菲涅尔太阳能集热器，共四组串联连接，布置在建筑物屋顶。输出介质为饱和水蒸气，额定热功率为 40kW，饱和蒸汽设计压力 1.25MPa，如图 7-37 所示。

（2）1.N效吸收式制冷机

系统采用蒸汽型1.N效溴化锂吸收式制冷机生产冷冻水供给室内空调。与单/双效吸收式制冷循环相比，1.N效循环将高压发生器产生蒸汽分为两部分：一部分进入高压冷凝器，一部分进入高压吸收器。进入高压冷凝器的蒸汽产生双效制冷，进入高压吸收式的蒸汽产生单效制冷，根据发生温度不同，可以通过调整进入高压吸收器溶液流量来改变循环中单效制冷和双效制冷的比例。其原理如图7-38所示，其性能参数如表7-7所示。同样，吸收式制冷机安装于屋顶，见图7-39。

图7-37　线性菲涅尔集热器实物图

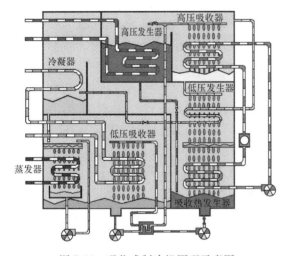

图7-38　吸收式制冷机原理示意图

图7-39　溴化锂吸收式制冷机

蒸汽型溴化锂吸收式制冷机参数　　　　　　　　　　表7-7

设备名称		1.N效吸收式制冷机
型号		GAXZ-50
额定制冷量		50kW
工作蒸汽	蒸汽耗量	81.5kg/h
	蒸汽压力	0.15MPa
	进口管径	25mm
	出口管径	25mm
冷媒水	流量	8.6m³/h
	压力降	50kPa
	进/出口温度	12℃/7℃
冷却水	流量	18m³/h
	压力降	60kPa
	进/出口温度	30℃/35℃

（3）汽包

汽包是太阳能光热系统的承压设备，是系统蒸汽生产部件，对设计要求高，图 7-40 为汽包实物图。

图 7-40　汽包

2. 系统运行控制策略

太阳能光热系统依据当天太阳辐照条件来确定运行策略。对广州地区而言，系统运行时间段为 5~10 月，因为这些月份白天太阳直射辐射强度能达到 $600W/m^2$，能给集热器提供足够的辐射热量。而每天的辐照条件也会不同，相应地系统运行状态不同。

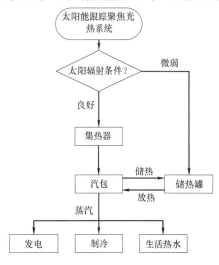

图 7-41　太阳能光热系统运行控制逻辑

在晴朗天气下，太阳辐照良好，开启线性菲涅尔集热器，将直射辐射聚焦到吸收器，将通过吸收器的水加热，进入汽包气液分离，产生中温（150℃以上）蒸汽。产生的蒸汽可用来驱动吸收式制冷机、ORC 发电机或板式换热器，进行制冷或发电或制取生活热水，多余的蒸汽热量也可储存在储热罐中。

在多云或阴雨天气，或者在夜间，没有太阳辐照或直射辐照较弱时，集热器无法工作，此时启用储热罐。水流经储热罐，储热罐放出之前储存着的热量，将水加热气化为蒸汽，然后再驱动末端设备做工。图 7-41 为光热系统运行控制逻辑图。

3. 系统运行模式

系统在不同条件下有不同的运行模式，可分为热源、储热、末端功能三类，每类具体包含若干模式，详见图 7-42。

（1）C—T：集热器模式，见图 7-43：从集热器来的水汽进入汽包，气液分离，液态水通过管路再返回太阳能集热器循环加热（左侧循环）；从末端设备（制冷机或发电机组）返回的水进入汽包，与来自集热器的水汽混合，混合后的蒸汽温度满足温度要求，离开汽包，进入末端设备（右侧循环）。

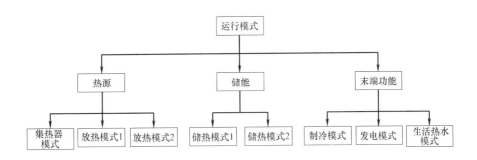

图 7-42　系统运行模式

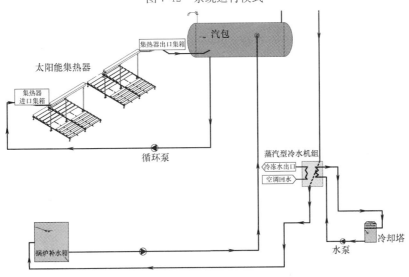

图 7-43　集热器模式

（2）C—T∥S：蓄热模式 1（储热罐与末端并联），见图 7-44：集热器模式汽包中产

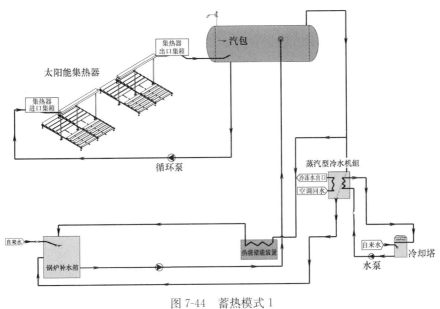

图 7-44　蓄热模式 1

生的过热蒸汽，对制冷或发电而言热量富余，可让一部分蒸汽流经储热罐进行储热，然后进入锅炉补水箱，补水箱中的水再与来自末端设备的回水混合，一起由水泵压入汽包，与来自集热器的蒸汽进行混合，完成循环。

（3）C—S：储热模式2，见图7-45：与模式3类似，只是末端设备不工作。

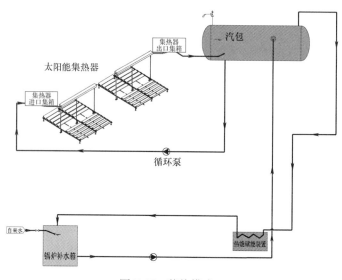

图 7-45　蓄热模式 2

（4）C⊕S—T：放热模式1（储热罐与集热器串联），图7-46：从末端设备出来的回水先经过储热罐，储热罐释放出储存的热量加热回水，温度升高的水（或水汽）再进入汽包，与来自集热器的蒸汽混合，形成满足要求的蒸汽，然后进入末端设备，完成循环。

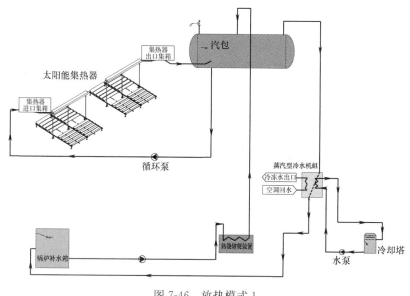

图 7-46　放热模式 1

（5）S—T：放热模式2，见图7-47：集热器不工作，回水直接由储热罐加热至满足要求的蒸汽。

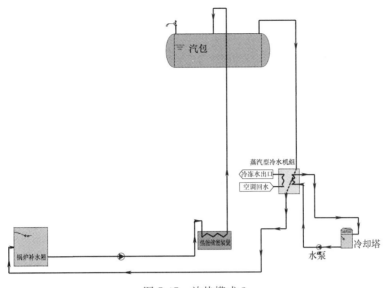

图 7-47 放热模式 2

（6）C－B：生活热水模式，见图 7-48：来自集热器的水（或水汽），在汽包内进行气液分离，液态水是进入板式换热器，加热自来水至生活热水，然后再返回太阳能集热器进行加热，完成循环。

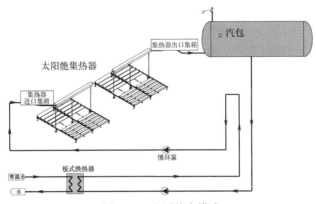

图 7-48 生活热水模式

4. 集热系统蒸汽输出性能

线性菲涅尔太阳能聚光集热系统是直接蒸汽产生系统，系统管路中流动工质为水，经过集热器加热，在汽包中直接变为蒸汽。太阳直射辐射条件不同，系统生产饱和蒸汽的温度和压力也不同，图 7-49 与图 7-50 分别反映了不同稳定的辐照条件下汽包蒸汽的温度与压力变化情况。

图 7-51 和图 7-52 为 2015 年 10 月 23 日的太阳直射辐射情况和线性菲涅尔集热器的测试的结果。经过 3 个多小时，集热器中的水被聚焦后的太阳直射辐射能加热到中温饱和蒸汽，温度可达 172.5℃，进出口温差维持在 20℃左右。

5. 1.N 效吸收式制冷机组性能

在集热器生产蒸汽充足的情况下，制冷机的测试实验持续了约 30min，表 7-8 记录了吸收式制冷机冷冻水、冷却水进出口的温度监测值。

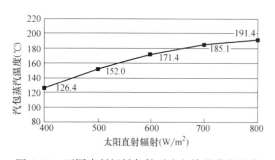

图 7-49 不同直射辐射条件时汽包输出蒸汽温度　　　图 7-50 不同直射辐射条件时汽包输出蒸汽压力

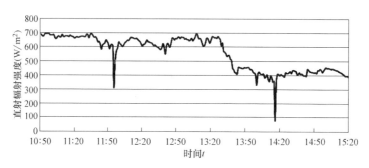

图 7-51 太阳直射辐射变化情况

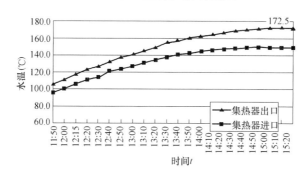

图 7-52 集热器内工质温度变化情况

制冷机冷冻水、冷却水温度测试表　　　　　　　　　　　表 7-8

测点	冷冻水进口	冷冻水出口	冷却水进口	冷却水出口
1	12.8	10.2	28.4	30.3
2	12.4	9.6	29.6	32.2
3	11.8	9.2	30.3	32.5
4	11.9	8.9	31.2	34.0
5	11.5	8.2	31.6	34.6
6	10.7	8.0	32.4	34.0
7	10.5	7.6	32.8	35.0
8	10.5	7.5	33.3	35.6
9	10.8	8.1	34.3	36.1
10	11.4	8.9	34.7	36.4

测点	冷冻水进口	冷冻水出口	冷却水进口	冷却水出口
11	12.0	9.4	35.4	36.9
12	11.7	8.8	31.3	35.2
13	11.1	8.0	29.5	33.8
14	10.8	7.7	28.9	34.0
15	10.5	7.4	28.4	33.8
16	10.3	6.9	28.0	33.1
17	10.1	6.6	32.2	27.9
18	9.8	6.4	28.6	31.6
19	9.8	6.8	30.6	32.7
20	9.6	6.3	33.5	36.0
21	9.9	6.8	33.2	37.0
22	9.5	6.0	28.9	32.3
23	9.1	5.6	29.9	31.9

图 7-53 为吸收式制冷机运行平稳后，冷冻水进入制冷机与离开制冷机的水温变化情况。从房间风机盘管返回的冷冻水回水开始温度为 12.8℃，经过蒸发器后不断降温，10min 后冷冻水温度低至 6.4℃，达到了制取冷冻水温度 7℃的要求。此时冷冻水回水温度为 9.8℃，比较低，是因为风机盘管冷负荷比较小，与房间内空气换热量有限。

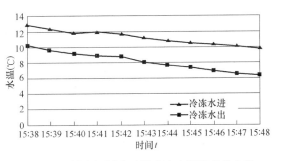

图 7-53　制冷机制冷过程冷冻水温度变化曲线

表 7-9 为通过实验测定的制冷机运行参数平均值，用来计算制冷机的性能指标。

吸收式制冷机运行参数　　　　　　　　　　　　　　　　　　　　表 7-9

空调进口蒸汽压力 P	0.32MPa
冷冻水流量 q_{ch}	1.92kg/s
冷冻水进水温度平均值 T_{chin}	12.2℃
冷冻水出水温度平均值 T_{chout}	8.7℃
冷却水流量 q_c	3.85kg/s
冷却水进水温度平均值 T_{cout}	31.9℃
冷却水出水温度平均值 T_{cin}	28.5℃

7.1.5　带储热的太阳能氨—水吸收式空调系统

图 7-54 位为典型的带储热的太阳能氨—水吸收式空调系统，主要由槽式太阳能集热器、集热器跟踪系统、循环油泵、蓄能器、氨水吸收式空调机组、控制系统、冷却塔等组成。该系统是通过太阳能槽式集热器采集太阳能，将导热油加热，来驱动氨—水吸收式机组（太阳能热泵）工作产生 7℃冷冻水（45℃热水），包括油系统、水系统和控制系统。热能采集在油系统内完成，高效传热介质—导热油由循环泵强制循环，导热油在太阳能集

热器内被加热升温,而在太阳能热泵内放热而降温,驱动机组完成制冷或制热循环。

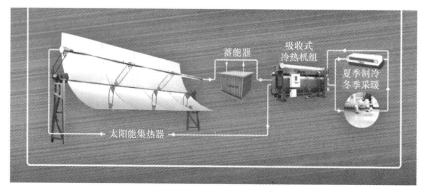

图 7-54　带储热的太阳能氨—水吸收式空调系统

1. 天津市蓟县水务局自来水管理所太阳能空调系统

图 7-55　蓟县水务局自来水管理
所太阳能吸收式空调系统

天津市蓟县水务局自来水管理所(第四水厂)的太阳能吸收式供热与制冷空调系统如图7-55所示。供暖季,利用槽式太阳能集热器加热导热油,经过太阳能换热器进行换热,制取供暖热水;无太阳或太阳能不足时,采用电加热储能油罐储存的导热油进行辅助供暖用热。非供暖季,利用槽式太阳能集热器加热工业用导热油,储存于恒温油罐,用于生产用热;无太阳或太阳能不足时,采用电蓄热的蓄能高温油罐进行辅助生产用热。集热面积 $585m^2$,储热量 400kWh,建筑面积 $3800m^2$ 。

2. 西藏大学太阳能空调

西藏大学新校区槽式太阳能供暖项目如图 7-56 所示,是西藏大学新校区供暖供气工程一个子单位工程;该工程由西藏拉萨供暖指挥部批准,中国华西集团承建的一个新型的供暖项目,同时也是西藏自治区第一个以槽式太阳能为主要热源的供暖工程,所以西藏大学新校区太阳能供暖项目为一个典型的节能项目,其中采用槽式集热器 $2160m^2$,热泵供暖空调 36kW,蓄热 12kWh,建筑面积 $20344m^2$ 。

图 7-56　西藏大学太阳能氨水吸收式热泵空调系统

7.2 太阳能吸附式空调实例

基于真空管集热器的太阳能吸附空调＋地源热泵空调系统

针对某办公楼，设计基于真空管式太阳能集热器的复合空调系统，实现利用太阳能降低建筑能耗目标。图7-57为建筑的鸟瞰图，3层办公楼的建筑面积为800m²。

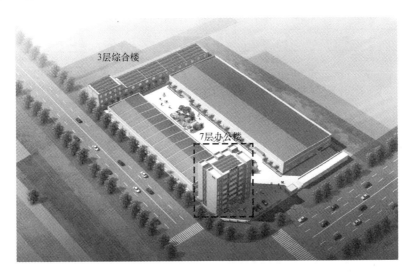

图 7-57　鸟瞰效果

1. 3层办公楼系统

图7-58为真空管式太阳能集热器驱动的吸附式制冷机＋地源热泵耦合空调系统。该

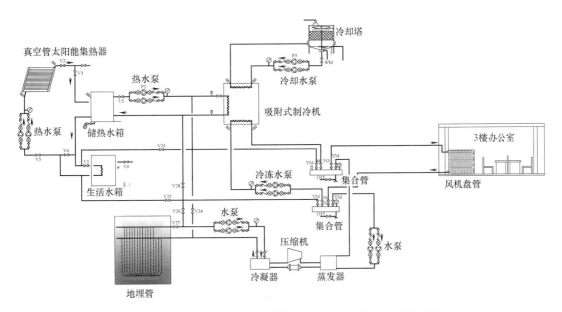

图 7-58　3层办公楼太阳能吸附空调与地源热泵复合能量系统

空调系统主要由真空管式太阳能集热器、硅胶—水吸附式制冷机（见图 7-59）、一般水箱（非承压水箱）、生活水箱、冷却塔、冷热水泵、空冷器（风机盘管）以及地源热泵和阀门等组成。其中太阳能集热器由山东澳华生产，该集热器可持续、高效、稳定地生成温度达 60～80℃的热水；制冷机采用吸附式制冷机，其 COP 约为 0.4～0.5。该系统不仅可以将太阳能和传统热泵相结合，满足建筑物的空调和生活需热水需求，实现太阳能制冷、供暖、热水三联供的功能，而且具有在太阳能和热泵之间自动切换的功能，保证整个系统的稳定运行。该空调系统中主要设备的详细参数见表 7-10。

太阳能吸附空调与地源热泵复合能量系统主要技术参数　　　　表 7-10

主要设备	参数
太阳能集热子系统：	
太阳能集热器（真空管）	520m²
热水循环流量	10m³/h
蓄热水箱	15m³
生活水箱	2m³
吸附制冷机：	
制冷量	50kW
驱动温度范围	60～95℃
1 号地源热泵：	
制冷量	70.7 kW
输入功率	13.2 kW
冷水进/出口温度	6℃/3℃

图 7-59　50kW 吸附制冷机组

2. 运行模式与控制逻辑

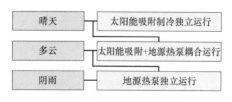

图 7-60　制冷工况运行模式

图 7-60 为不同天气条件下，太阳能空调系统可能出现的运行模式的控制逻辑。对于太阳能吸附空调系统的工作模式可分为三种，分别为单独太阳能吸附空调供冷、太阳能吸附＋地源热泵联合运行供冷以及单独地源热泵制冷。对于太阳能除湿空调系统的工作模式可分为两种，分别为太阳能除湿空调＋高低温地源热泵供冷、高低温地源热泵联合运行供冷。

7.3 太阳能转轮除湿空调实例

基于真空管集热器的太阳能转轮除湿空调＋地源热泵空调系统

针对某办公楼，设计基于真空管式太阳能集热器的复合空调系统，实现利用太阳能降低建筑能耗的目标。该办公楼建筑面积为 $2600m^2$（见图 7-57）。

1. 7 层办公楼系统介绍

图 7-61 为真空管式太阳能集热器驱动的除湿空调＋地源热泵耦合空调系统。该空调系统主要由真空管式太阳能集热器、固体转轮除湿空调（见图 7-62）、一般水箱（非承压水

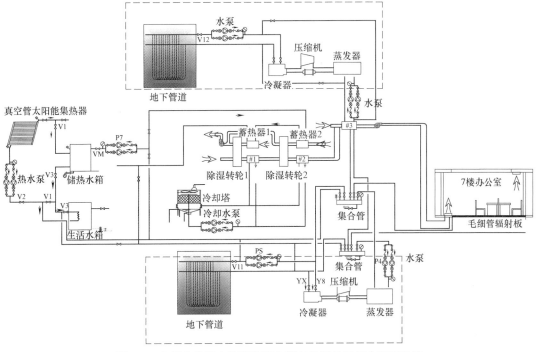

图 7-61　7 层办公楼太阳能除湿空调与地源热泵复合能量系统

图 7-62　80kW 固体转轮除湿空调

箱）、生活水箱、冷却塔、冷热水泵、毛细管辐射末端，以及高、低温地源热泵和阀门等组成。其中太阳能集热器由山东澳华生产，该集热器可持续、高效、稳定地生成温度达60～90℃的热水；室内潜热负荷通过除湿空调处理，其*COP*约为1.0。该系统不仅可以将太阳能和传统热泵相结合，满足建筑物的空调和生活需热水需求，实现太阳能的制冷、供暖、热水三联供的功能，而且具有在太阳能和热泵之间自动切换的功能，保证整个系统的稳定运行。

太阳能除湿空调与地源热泵复合能量系统主要设备详细技术参数见表7-11。

太阳能除湿空调与地源热泵复合能量系统主要设备详细技术参数 表7-11

设备	材料	参数
太阳能集热子系统：		
太阳能集热器	真空管式	530m²
热水流量		10m³/h
蓄热水箱		10m³
生活水箱		2m³
固体转轮除湿空调：		
转轮	复合硅胶	
最大处理空气流量		9000m³/h
最大再生空气流量		9000m³/h
制冷量		80kW
热力*COP*		1.0
驱动温度		60～90℃
转轮直径		1525 mm
转轮厚度		200 mm
2号地源热泵：		
冷水进/出口温度		21℃/18℃
冷却水进/出口温度		25℃/30℃
制冷量		244.1
COP		6.837
1号地源热泵：		
冷水进/出口温度		12℃/7℃
冷却水进/出口温度		25℃/30℃
制冷量		70.7kW
COP		6.348

2. 运行模式与控制逻辑

图7-63为不同天气条件下，太阳能空调系统可能出现的运行模式的控制逻辑。对于太阳能除湿空调系统的工作模式可分为两种，分别为太阳能除湿空调＋高低温地源热泵供冷、高

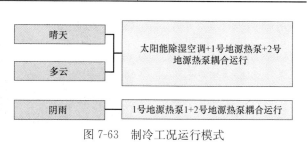

图7-63 制冷工况运行模式

低温地源热泵联合运行供冷。

3. 空调系统性能分析

基于 TRNSYS 16.1 平台，针对 7 层办公楼的太阳能除湿空调系统进行了性能分析。图 7-64 为太阳能除湿复合能量空调系统模型图。

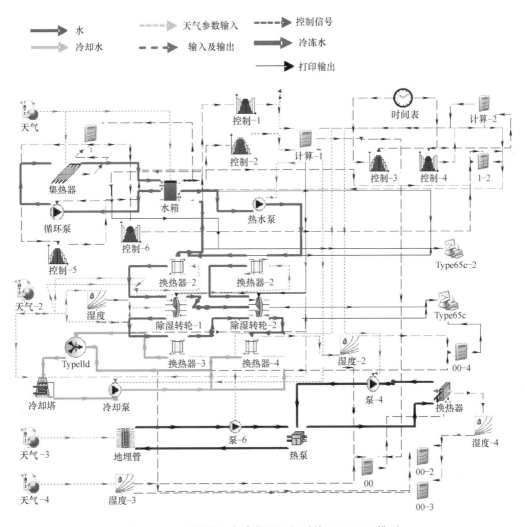

图 7-64　太阳能除湿复合能量空调系统 TRNSYS 模型

（1）典型天性能分析

图 7-65 所示为典型天气象条件下，集热器进出口温度和水箱温度的动态变化曲线，其中，集热面积为 530㎡，水箱容积 10㎥，集热热水流量 10000kg/h，处理空气流量 9000㎥/h。

图 7-66 为系统热力 COP 和电力 COP 以及除湿空调制冷量的变化曲线。由于除湿空调再生热水温度仅为 60 ～70℃，导致系统制冷量约为 70kW，略低于额定制冷量 80kW。电力和热力 COP 分别可达 10 和 1。

（2）制冷季性能分析

除湿空调和 1 号地源热泵提供的冷量如图 7-67 所示。从图 7-67 中可知，除湿空调提

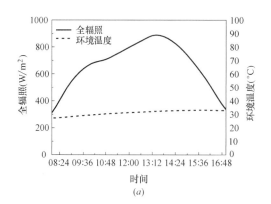
(a)

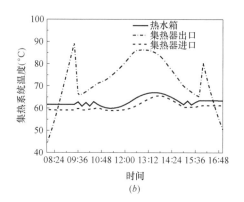
(b)

图 7-65 典型天气象条件下，集热器进出口温度和蓄热水箱水温动态变化

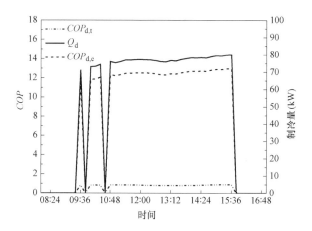

图 7-66 电力 *COP*、热力 *COP* 和除湿空调制冷量的动态变化曲线

供约 31.4% 的冷量，1 号地源热泵提供 68.6% 冷量。7 层办公楼楼空调房间的显热和潜热负荷分别由地源热泵和除湿空调承担。同时，除湿空调的季节性热力 *COP* 约为 0.83。

图 7-68 为空调房间日湿负荷和转轮空调除湿能力月变化曲线。从该图可见，除湿空调可满足约 45% 房间总湿负荷。

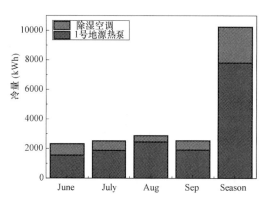

图 7-67 除湿空调和 1 号地源热泵提供的冷量

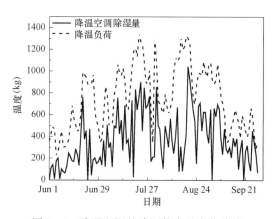

图 7-68 除湿空调的除湿能力月变化曲线

7.4 太阳能溶液除湿空调设计实例

基于平板集热器的两级双溶液太阳能除湿空调[1]

1. 系统组成

建立太阳能平板集热器驱动的两级双溶液除湿系统，如图 7-69 所示。系统主要由一级填料塔、二级填料塔、溶液—水换热器（HE1 和 HE2）、储液罐、直接蒸发冷却器（DE）、水箱、太阳能热水循环子系统，四个除湿溶液储液桶以及必要的风机、泵、管路和阀门等组成。

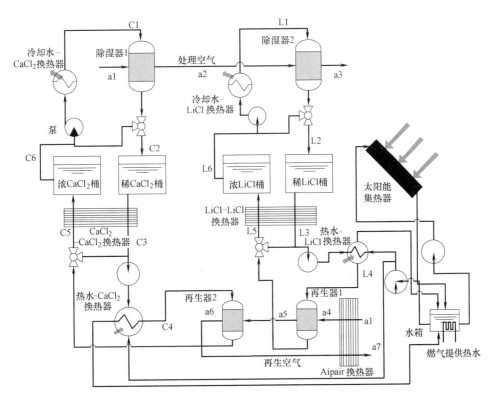

图 7-69　两级双溶液太阳能除湿系统图

（1）太阳能热水循环子系统

太阳能集热器为平板式太阳能集热器，效率模型为：$\eta = 0.7 - 15\dfrac{T_i - T_a}{1A}$。

（2）填料塔

除湿器和再生器是溶液除湿系统核心部件，其结构形式对系统的性能具有重要影响。这里所用除湿器和再生器均采用填料塔形式。所用填料塔如图 7-70 所示，空气水平流过填料塔，而溶液自上而下流动，两者构成汉流形式。填料塔由外壳、填料、布液器、过滤网和排污口组成。外壳采用聚氯乙烯塑料和保温层制作，具有防腐、质量轻等优点。填料是除湿器的关键部件，为空气和溶液提供接触面积。所使用的 celdek 填料是规整填料的

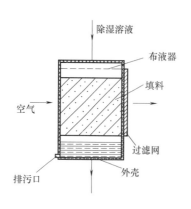

图 7-70　填料塔

一种，具有比表面积大和空气阻力小等优点，如图 7-71 所示，celdek 由波纹纤维纸制成，波纹状，波纹倾角为 45°，相邻层的波纹朝向相互垂直。填料尺寸：300mm（空气流动方向长）×250mm（宽）×300mm（高），比表面积为 383m²/m³。

布液器是除湿器/再生器中的组成部分，其作用是把溶液均匀分散到填料上，与除湿器/再生器的性能有密切关系。在实验过程中进行了三种对比：1）带孔槽式，其结构如图 7-72，由聚氯乙烯塑料槽钻孔制成；2）喷嘴；3）带孔管式。经对比，带孔槽式性能最优。

图 7-71　Celdek 填料

图 7-72　布液器

（3）设备参数

除了以上主要部件外，系统中设备及其参数如表 7-12 所示。

系统参数　　　　　　　　　表 7-12

设备	参数
除湿器	一级除湿器（2 套）：0.3m×2.5m×0.35m 一级除湿器（2 套）：0.3m×2.5m×0.3m
再生器（20m² 集热器对应再生器）	一级再生器：0.3m×7.5m×0.3m 二级再生器：0.3m×7.5m×0.3m
水箱体积	0.05(m³/m²)太阳能集热器
集热器水流量	43kg/(m²·h)太阳能集热器
冷却水/热水流量	溶液流量相同

设备	参数
空气截面流速	3.0kg/(m² · s)
储液罐	直径：1m 高为溶液实际高度与 0.8 的比值
燃气提供热量	500kW

2. 两级双溶液太阳能除湿系统性能分析

（1）负荷分析

两级双溶液太阳能除湿系统设计应用于上海某建筑。该空调区域的特点是人员较多，产湿量大，且 24h 连续开放，采用太阳能驱动必须考虑能量的储存。除湿系统集中承担湿负荷（潜热负荷），包括室内产湿（主要是人员产湿，合理忽略设备产湿）和新风湿负荷。

空调区基本参数为：面积 20m×25m，层高 5m。人员密度 0.27 人/m²。室内设计参数：26.7℃，10.9g/kg 干空气。室内人员产湿量为 101.5g/（人 · h）。

溶液除湿系统只处理新风，并通过处理新风含湿量承担室内湿负荷。由于新风量和室内产湿量均由人员数决定，室内人员散湿量均摊到对应的新风上，可以求得除湿单元出口处空气所需达到含湿量。

图 7-73 为该空调区域一年内平均人均需要处理的湿负荷。负值表示需要加湿，正值表示室内需要除湿。从图中可以看出，第 121～299 天需要持续除湿，这一区域称为除湿季节。最大湿负荷出现在第 210 天，达到 18.9kg/（d · 人）。

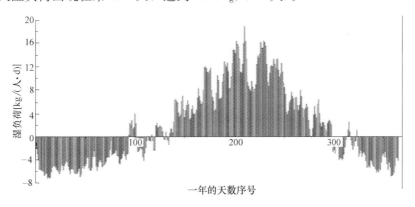

图 7-73　年人均除湿负荷

以上海典型夏季日（7.21 早上 10：00 至 7.22 早上 10 点）进行系统的设计。为了充分发挥氯化钙溶液的预除湿效果，根据实验结果此处选择空气流速为 1.0m/s。使用一级除湿器（氯化钙溶液）和二级除湿器（氯化锂溶液）各两台。系统参数选择如表 7-13 所示。此外，用于加热氯化钙溶液和氯化锂溶液的热水最低温度分别为 60℃ 和 65℃。

（2）昼夜能量调节分析

系统在上海夏季典型工作日（7.21 早上 10：00 至 7.22 早上 10 点）的除湿效果如图 7-74 所示。一级和二级除湿器出口处空气含湿量均呈现周期性变化。图中粗线为二级除湿器出口处平均含湿量，逐渐下降，约在 10min 以后稳定在 8.7g/kg 干空气附近，可见系统能够满足空调区的湿负荷处理需求。

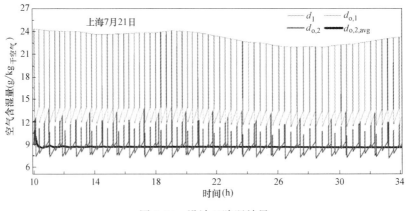

图 7-74　设计日除湿效果

氯化钙溶液浓度变化范围为 45%～40% 之间，蓄能密度为 383.8MJ/m³，蓄能效率达到 30.8%；氯化锂溶液浓度变化范围是 40%～35%，蓄能密度和效率分别为 379.1MJ/m³ 和 26.9%。借助除湿溶液的蓄能能力，在没有辅助热源的情况下太阳能驱动两级双溶液除湿系统能够 24h 连续除湿。第二天开始再生溶液之前，空气除湿所需氯化钙溶液和氯化锂溶液总量分别为：11455kg 和 4834kg。为了保证除湿所需溶液量，选择了 880m² 平板式集热器。用于除湿的溶液量和再生得到的溶液量如图 7-75 所示。氯化钙溶液的首次再生时间为 10：00 到下午停止，再次再生开始于第二天 7 点 45 分；而氯化锂溶液同样在早上 10：00 开始首次再生，持续进行到下午 1 点 12 分，此时氯化锂溶液的再生量已经达到除湿需求，因而停止再生。而再次再生则在第二天 9：05 开始。为了保证足够的蓄能量，氯化钙和氯化锂溶液的使用量分别是 8028kg 和 3088kg，即再生溶液量与除湿用溶液量的最大差值。

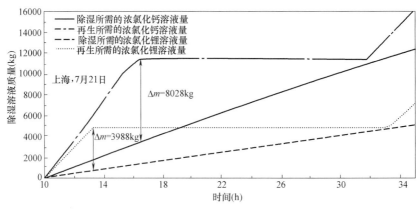

图 7-75　浓溶液消耗量和产量

（3）季节储能性能分析

利用除湿浓溶液的储能能力还能够储存晴天再生所得浓溶液以供阴雨天使用，实现季节储能。对上节所述溶液除湿系统进行全年除湿季节（第 121 天至第 299 天）性能模拟分析。

为了评价系统中太阳能的利用情况，本书定义了溶液太阳能保证率和太阳能有效利用率。溶液太阳能保证率 fm_{solar} 为应用太阳能集热器所获得热量再生得到的浓溶液量与系统用于除湿所需浓溶液量的比值，采用式（7-1）计算；该参数能够反映太阳能在系统输入能量中的比例，值越大则需要用燃气补充的热量越少。而太阳能有效利用率，fs_{solar} 是利用太阳能集热器获得热量再生所得浓溶液量与理论上太阳能集热器获得的热量所能再生最大浓溶液量的比值，应用式（7-2）计算；该参数能够反映集热器的利用情况，值越大，则集热器的有效利用率越高。

$$fm_{solar} = \frac{\sum_{i=121}^{299} M_{reg,solar,i}}{\sum_{i=121}^{299} M_{deh,i}} \tag{7-1}$$

$$fm_{solar} = \frac{\sum_{i=121}^{299} M_{reg,solar,i}}{\sum_{i=121}^{299} M_{max,solar,i}} \tag{7-2}$$

式中　$M_{reg,solar,i}$——第 i 天太阳能集热器所获得热量再生所得浓溶液质量，kg；

$M_{deh,i}$——第 i 天用于除湿所需浓溶液质量，kg；

$M_{max,solar,i}$——第 i 天太阳能集热器所获得热量再生所得浓溶液质量，kg

氯化锂溶液和氯化钙溶液的除湿使用量和太阳能再生量如图 7-76 所示。通过储存浓

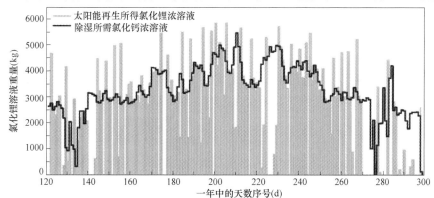

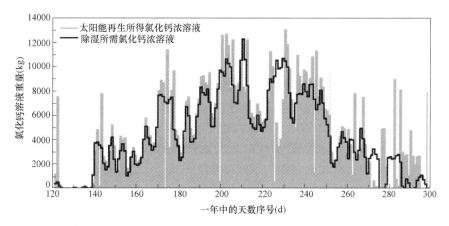

图 7-76　除湿季节氯化锂溶液和氯化钙溶液除湿使用量和太阳能驱动所得再生量

溶液，氯化锂溶液和氯化钙溶液的太阳能保证率分别为81.9%和91.5%。氯化钙溶液的太阳能保证率比氯化锂的高主要是因为氯化钙溶液使用量更高，并且氯化钙溶液要求的再生温度比氯化锂溶液的低，对太阳能辐射值要求较低更容易达到再生条件。

系统重要评价指标热力性能系数（TCOP）和太阳能集热器效率如图7-77所示。溶液除湿系统平均热力性能系数TCOP值为0.71，88.8%的时间在0.6～0.8之间。太阳能集热器平均效率为0.42，75%的时间里效率高于0.30。

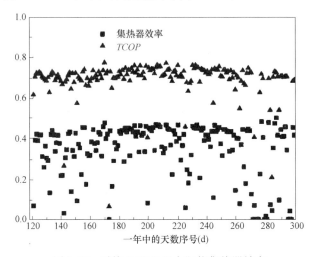

图7-77　系统 TCOP 和太阳能集热器效率

系统湿负荷由氯化钙一级除湿器和氯化锂二级除湿器共同承担。总系统湿负荷变化规律与前述人均湿负荷的一致，具有很强的季节性特点，在7月和8月达到最高值。湿负荷在氯化钙溶液和氯化锂溶液之间的分配也是随着季节显著变化。可以看到，在95%的时间里，氯化锂溶液负责的湿负荷维持在一个稳定的范围，即250～400kWh/d之间，波动较小。而氯化钙溶液所承担的湿负荷则发生巨大变化，最高时达到1300kWh/d。可见氯化钙起到很好的预除湿效果，较好地稳定了氯化锂溶液的需求量；使得氯化锂溶液的利用率得到提高，不必承担随着季节而发生变化的湿负荷部分。

（4）系统参数分析

太阳能驱动两级双溶液除湿系统的影响参数主要有两个：太阳能集热器面积和溶液的使用量。图7-78和图7-79展示了太阳能集热器面积、溶液使用量与太阳能保证率、太阳能有效利用率之间的关系。氯化钙溶液和氯化锂溶液使用量保持相同。

如图7-79所示，太阳能保证率随着太阳能集热器面积和溶液使用量的增加而增加。太阳能集热器面积保持一定值时，逐渐增加溶液使用量，太阳能保证率显著上升，这一阶段称为快速上升段。这一阶段，增加的溶液能够存储能量用于短时间内的（当晚至隔天）除湿。而后继续增大溶液用于存储能量用于更长时间后的除湿，太阳能保证率略微上升并逐渐趋于平稳值，从图7-79可以看出此时太阳能有效利用率达到最大值，接近1。前后两个阶段的转折点对应溶液使用量即为最佳溶液使用量。最佳溶液使用量因集热器面积而变化，趋势是随着后者的增加而逐渐上升，原因是面积越大，富余的热量值也越大，需要的溶液量也就越大。对应的溶液太阳能保证率也随之逐渐增加。太阳能有效利用率，如图7-80所示，随溶液使用量的变化趋势与太阳能保证率相同，随着溶液使用量的增加而增

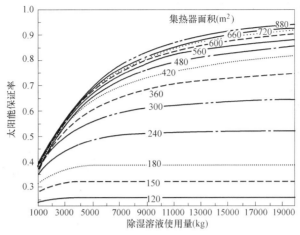

图7-78 太阳能保证率

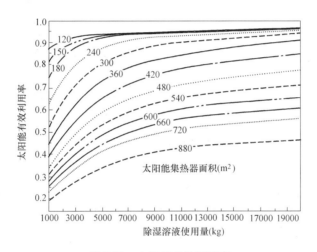

图7-79 太阳能有效利用率

加。不同的是，太阳能有效利用率随着集热器面积的增加而下降。

综上所述，系统设计时必须同时考虑太阳能保证率和太阳能有效利用率，最佳设计点即为转折点。比如，太阳能保证率选择为60%时，最佳配置为采用300m² 集热器，氯化钙溶液和氯化锂溶液的总使用量为6000kg，此时太阳能有效利用率为85%。而太阳能保证率选择为90%时最佳的配置为采用660m² 集热器，氯化钙溶液和氯化锂溶液的总使用量为15000kg，氯化钙和氯化锂的太阳能有效利用率为57%。

7.5 太阳能光伏空调实例

交流独立光伏空调系统[2]

1. 系统组成

交流独立光伏空调系统中空调运行所需全部电量均来自于光伏发电，该系统主要由太阳能电池阵列、蓄电池、太阳能电源控制器、逆变器和空调组成，每个部件在系统中所起的作用都不容忽视。

（1）空调参数

独立光伏空调系统安装于上海交通大学机动学院实验楼 C 楼，该建筑的方位角是南偏东 10°。实验所选定的房间为建筑顶层阴面的一个房间，该房间东墙和北墙为外墙，分别安装有单层玻璃窗。南墙设有一木门，南侧对称位置是阳面的一个房间，西侧和南侧与楼梯间相邻，楼梯间外墙为玻璃幕墙，如图 7-80 所示。

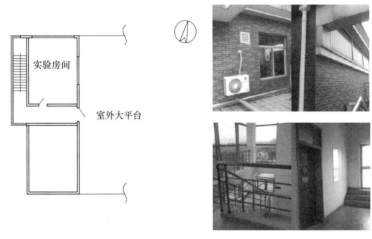

图 7-80　实验房间及其围护结构示意图

房间面积 23.5m²，体积 75m³，房间冷负荷指标取 150W/m²，则所需的空调制冷量为 3.5kW。交流独立光伏空调的一个优势就在于它所使用的空调就是普通家用空调，因此，空调即采用市场上普通的 1.2 匹的壁挂式直流变频空调。此处的"直流"并不是指空调电源为直流电，而只是指采用了直流压缩机。该直流变频空调的主要性能参数如表 7-13 所示。

	直流变频空调参数	表 7-13
直流变频空调	额定制冷量（最小/最大）	2.8(0.8/3.6)kW
	额定制热量（最小/最大）	3.6(0.8/5.2)kW
	额定制冷输入功率（最小/最大）	0.62(0.17/1.10)kW
	额定制热输入功率（最小/最大）	0.85(0.17/1.50)kW
	GB/T 7725—2004；SEER/HSFP/APF	7.24/3.64/3.95
	GB 21455—2008；SEER	6.30

（2）逆变器

逆变器也称逆变电源，是通过半导体功率开关的开通和关断作用，将直流电能转变成交流电能的变流装置，是太阳能光伏空调系统中的另一个重要部件。通常所用的空调都是由交流电驱动的，而太阳能电池阵列或者蓄电池只能提供直流电，所以逆变器是交流光伏空调系统中不可缺少的设备。

其主要参数如表 7-14 所示。

逆变器参数			表 7-14
		型号	CN3KD/J
逆变器	直流输入	额定容量	3kVA
		输入额定电压	48V_{DC}
		输入电压允许范围	43.2～70V_{DC}
		输入最大电流	41A
		空载电流	1.8A
	交流输出	额定电压	220 V_{AC}
		额定电流	13.6A
		过载能力	120% 1min
		额定逆变频率	93%
		电压稳定精度	220%±5%
		外型尺寸 $L×W×H$	500mm×483mm×267mm
		重量	35kg

逆变器的直流输入额定电压为 48V，蓄电池组、控制器等其他部件的额定电压均须为 48V 才能与之匹配，因此，本书涉及的交流独立光伏空调系统直流侧电压就确定为 48V。

逆变器的工作原理框图如图 7-81 所示：

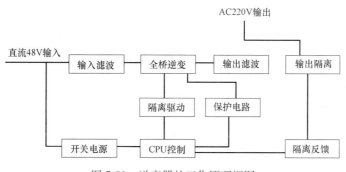

图 7-81 逆变器的工作原理框图

（3）蓄电池

蓄电池是独立光伏空调系统中必不可少的组件之一，理由将由它在系统中所起的作用来揭示。一般来说，太阳能光伏系统对蓄电池的基本要求有：1）自放电率低；2）使用寿命长；3）深放电能力强；4）充电效率高；5）少维护或免维护；6）工作温度范围宽；7）价格低廉。

计算得蓄电池组容量为 192Ah。查询一般产品样本后选择额定容量为 200Ah 的蓄电池作为本系统的储能元件。蓄电池的参数如表 7-15 所示。

（4）太阳能电池阵列

市场上成熟的太阳能电池产品中，单晶硅电池板的效率是最高的，所以本系统中采用了单晶硅太阳能电池板。电池板的技术参数表 7-16 所示。

蓄电池技术参数 表 7-15

蓄电池	蓄电池类型	固定式阀控密封免维护铅酸蓄电池
	额定电压	12V
	额定容量	200Ah
	串联数	4
	并联数	1
	重量	65kg
	重量比能量	35kJ/kg
	尺寸 $L \times W \times H$	$522 \times 140 \times 240$(mm)

太阳能电池板技术参数 表 7-16

太阳能电池板	材料类型	单晶硅
	峰值功率	120Wp
	最佳工作电压	17.5V
	最佳工作电流	6.86A
	开路电压	21.5V
	短路电流	7.5
	功率温度系数	$-0.47\%/℃$
	电压温度系数	$-0.38\%/℃$
	电流温度系数	$+0.10\%/℃$
	重量	20kg
	尺寸 $L \times W \times H$	$1365 \times 670 \times 35$(mm)

　　单个组件的电压 17.4～17.9V，采用的组件的最佳工作电压正好在这个范围内，所以采用 4 块光伏电池板串联的方式来为整个蓄电池组充电。

　　为了满足负载的用电需求以及在天气晴朗时能向蓄电池提供足够的充电电流，太阳能电池必须有足够的工作电流，根据实际的需要，将不同数量的太阳能电池并联就可以得到不同大小的工作电流。经过计算得到，太阳能电池阵列有 4 个组串并联，每个组串有 4 块电池板串联，共 16 块单晶硅电池板组成，阵列的峰值功率为 1.92kWp。

　　阵列的方位角和建筑的相同，即南偏东 10°，如果选择正对南向放置，则和建筑不协调。上海的纬度为 31.4°，倾角采用《中国大陆各主要城市太阳能资源数据表》中推荐的上海地区的倾角，为 34°左右，可以保证冬季获得较多的太阳能。

　　经过计算，太阳能电池方阵前后间距至少为 1.45m，于是，本系统的方阵前后间距确定为 2m，留了足够的余量。方阵的参数如表 7-17 所示，布置如图 7-82 所示。

　　（5）控制器

　　在小型光伏发电系统中，控制器主要用来保护蓄电池。光伏控制器应具有以下功能：1）防止蓄电池过充电和过放电，延长蓄电池寿命；2）防止太阳能电池板或方阵、蓄电池极性接反；3）控制器输入、输出短路保护功能；4）具有防雷击保护功能；5）耐冲击电压和冲击电流保护功能。

太阳能电池阵列技术参数 表 7-17

太阳能电池阵列	总功率	1.92kWp
	串联数	4
	并联数	4
	方位角	南偏东 10°
	倾角	34°
	阵列间距	2m

图 7-82 太阳能电池方阵布置图

控制器参数如表 7-18 所示。

控制器参数 表 7-18

太阳能电源控制器	额定电压		48V$_{DC}$
	允许充电最大电流		50A
	允许负载输出电流		50A
	允许太阳能最大开路电压		≥100V
	过放	断开	43.2V(可设定)
		恢复	49.2V(可设定)
	过充	保护	57.6V(可设定)
		恢复	54.4V(可设定)
	空载电流		500mA
	最大功率跟踪功能		否

该控制器采用 PWM 脉宽控制方式，能够对蓄电池的充电状态做出快速响应，达到保护蓄电池的目的。

整个交流独立光伏空调系统构成如图 7-83 所示。

系统的工作原理为：光伏电池阵列接受太阳辐照产生直流电，根据负载功率对电量进行自动分配，当负载功率小于发电功率（转换为交流电后的值）时，光伏电池阵列所发直

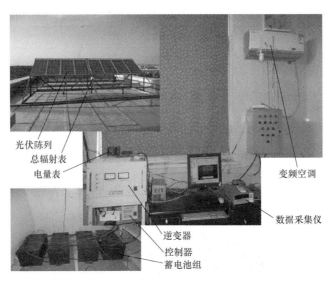

图 7-83　独立光伏空调系统图

流电分成两部分，一部分直接进入逆变器供负载使用，另一部分进入蓄电池储存起来；当负载功率大于发电功率时，蓄电池开始放电，与阵列一起为负载提供电量；夜间完全由蓄电池提供负载所需电量。

2. 光伏发电性能分析

于 2011 年 6 月 27 日进行了光伏空调系统发电性能测试的实验，当天天气晴朗，辐照度和发电功率一天中的变化如图 7-84 所示。空调开启时间为 9：00～22：00，设定温度为 25℃。当天峰值日照时数为 4.9h，辐照度最高达 735W/m²，发电功率最高达 1325W，为额定发电功率的 69%。太阳能电池阵列全天的发电量为 8.64kWh，小于按照峰值日照时数计算得到的发电量 9.41kWh，这是因为在系统运行过程中，光伏电池的温度和辐照度都会对光伏阵列的发电功率产生影响。

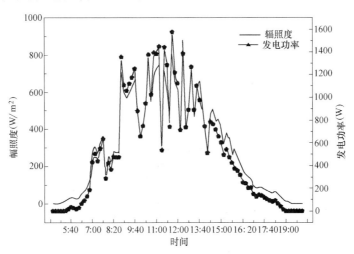

图 7-84　辐照度和发电功率的变化

温度变化会对电池输出特性影响显著，进而直接影响阵列的发电功率。图 7-85 给出了一天中光伏电池温度的变化情况（测量值为 4 片光伏电池的平均工作温度），测量时间间隔为 1h，其温度最高可达 48.3℃。平均工作温度为 40.2℃，高于标准测试工作温度（25℃）15.2℃。本系统采用的光伏电池的功率温度系数为 −0.47%/℃，按照这个计算，光伏电池阵列的最大发电功率将减少 7.1%，约为 1.78kW。为了降低太阳能电池板表面的温度并且对没有用来发电的那部分太阳能热加以利用，可以采用一种集光伏发电与太阳能低温热利用为一体的新型太阳集热器，称为光伏/光热（Photovoltaic/Thermal collector，简写为 PVT）集热器。PVT 集热器利用层压或胶粘技术将太阳能电池或组件与太阳集热器结合在一起，未用来发电的大部分能量都转换为热量，这些热量可通过水或空气回收，产生热水或热空气。

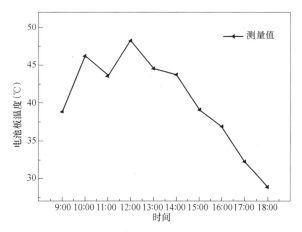

图 7-85　光伏电池温度的变化

　　另外，对太阳能电池组件在实际条件下的光电效率进行了计算，并分析了其随辐照度的变化规律，如图 7-86 所示。可见光电转换效率随着辐照度的增加而增大，在辐照度增加到 400W/m² 以后光电转换效率基本保持稳定，约为 12.8%。由太阳能电池组件的额定功率、组件的面积和标准测试辐照度可以计算出光伏组件的额定光电转效率为 13.1%（不是太阳能电池片的光电转换效率），实测值略小于额定值，主要也是受太阳能电池板工作温度的影响。

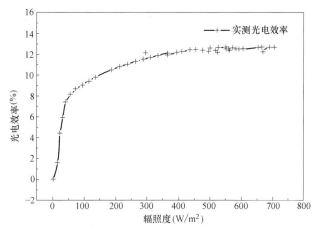

图 7-86　光电转换效率与辐照度的关系

实际发电量小于理论计算值，主要是因为温度对发电的影响以及低辐照度下光电转换效率较低（通过峰值日照时数计算相当于假设光电效率均为额定值）这两个因素的影响，另外，电池板表面灰尘的存在也降低了发电功率。

实验中发电电流和负载电流在一天中的变化情况如图7-87所示。可以看出在早上未开启空调时段，光伏阵列将所发电量存入蓄电池。如果这个阶段蓄电池容量是满的，那光伏阵列将受控制器的控制不能发电，会导致能量的浪费。

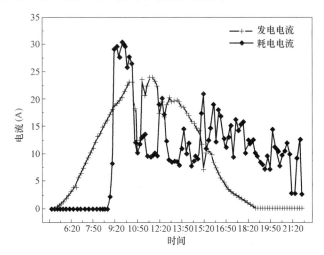

图 7-87　发电电流和负载电流的比较

在实验后的第二天（2011年6月28日）对蓄电池进行了充电，蓄电池的端电压随着充电量的增加而逐渐增加，两个物理量的变化如图7-88所示。从图中也可以看出，蓄电池电压在14：00左右已经升至56.5V，接近控制器设定的充电终止电压，表明蓄电池接近充满状态，并且从充电曲线也可看出充电速率明显放缓。这种充电方式符合蓄电池充电规律，有利于保护蓄电池，延长蓄电池寿命。

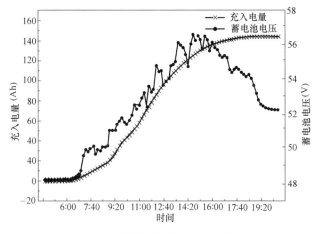

图 7-88　蓄电池电压和充电容量的变化

3. 全年运行模拟分析

为了模拟交流独立光伏空调系统在全年运行条件下的工作状况，采用 TRNSYS 软件建立了系统模型，并对系统进行了全年运行的模拟分析。系统模型如图 7-89 所示。

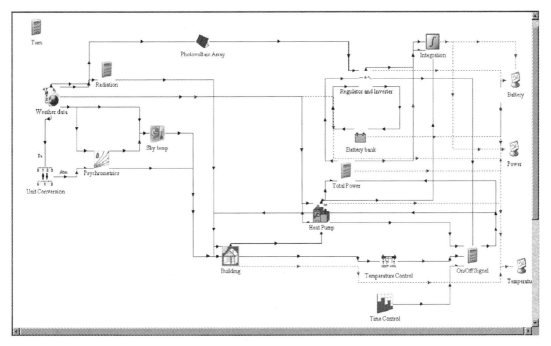

图 7-89　交流独立光伏空调系统模型图

在对模型进行了验证后，利用 TRNSYS 软件自带的上海典型年的气象数据对独立光伏空调系统的全年运行进行了模拟，并对太阳能电池方阵的倾角、方位角进行了优化；如图 7-90 所示。

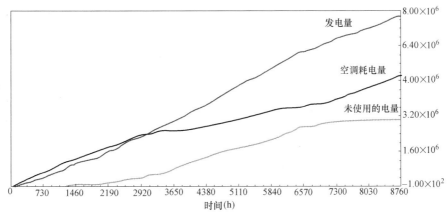

图 7-90　系统全年运行模拟

（蓝色线——发电量，棕色线——空调耗电量，粉色线——未使用的电量）

模拟结果显示，全年太阳能电池阵列可以发电 2178kWh，空调全年如果运行在白天工作模式下（9：00～17：00），供暖温度设定为 20℃，制冷温度设定为 25℃时，全年耗电量 1308kWh。由于在过渡季节无需供冷或者供暖，而本系统为独立系统，所发电量不可避免地将产生浪费；另外在运行过程中由于蓄电池充满，也会存在电量无法利用的情况。这两种情况造成的电量浪费达 845kWh（包含于上述的全年发电量数值中）。由此也看出，在电网发达地区并网系统之于独立系统的优点。

利用模型还对太阳能电池阵列的方位角和倾角进行了优化，最终得出方位角为南偏西 6°，阵列倾角为 25°时，全年发电量最大，发电量为 2192kWh。

7.6 太阳能除湿换热器空调系统[3]

7.6.1 采用除湿换热器的连续型除湿系统

1. 系统组成

利用除湿换热器技术的连续型除湿系统的实验测试系统如图 7-91 和图 7-92 所示。系统主要由三大子系统组成：太阳能集热子系统、除湿换热器除湿单元子系统和冷却水子系统。

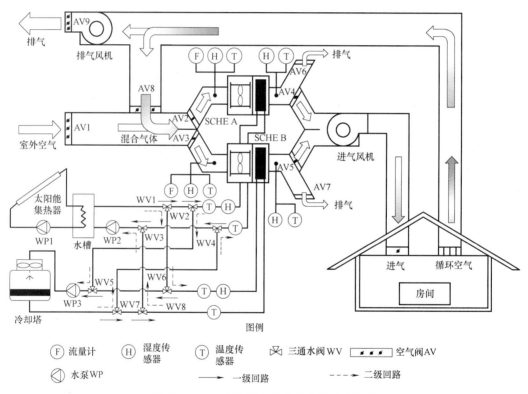

图 7-91　连续型除湿系统的实验测试系统图

太阳能集热子系统主要由太阳能集热器、热水泵和集热水箱组成。太阳能集热器采用真空管集热器，将来自太阳的光照辐射转化为热水为系统提供驱动热源。

除湿单元子系统作为除湿系统的核心部件主要是由两个规格结构一致的除湿换热器并联组成（A 和 B）。本实验采用的除湿换热器的详细规格如表 7-19 所示。另外，必要的风管结构主要用来引导外界空气流经除湿换热器进行除湿和再生过程，主要是由镀锌白铁皮及保温材料所构建的矩形管路，横截面大小为 400mm×400mm，除湿换热器设置于管路中间，在空气管路入口处设置一个轴流风机用来驱动空气的流动。

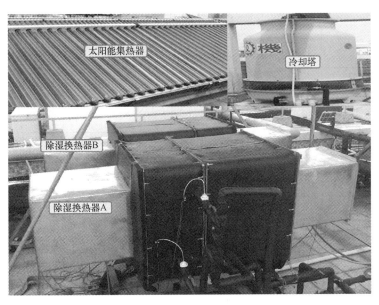

图 7-92 连续型除湿系统的实物图

除湿换热器主要结构和性能参数 表 7-19

项　目	参　数
结构尺寸(mm)	380×380×127.8
质量(kg)	10.20
翅片厚度(mm)	0.15
翅片间距(mm)	2
铜管外径(mm)	9.87
铜管内径(mm)	9
垂直方向管间距(mm)	21.3
水平方向管间距(mm)	24.6
水性复合胶	L267
柱层层析硅胶	zcx.Ⅱ
硅胶颗粒直径	0.15
总上胶量(kg)	3.2

冷却水子系统则将来自冷却塔的冷却水通过冷却水泵持续不断的提供给系统。

2. 运行模式

为了方便控制两个除湿换热器之间冷却水和再生热水，以及处理空气和再生空气之间的切换，多个三通换向水阀（WV1-8）和风阀（AV2-7）被安装在系统上用以实现连续除湿或连续再生的设计目的。该系统还可以利用处理好的新风与空调房间的部分或全部回风结合，通过控制回风量的多少实现更加高效节能的供风方式。如表 7-20 所示，系统的供风模式根据阀门的开关切换可以分为全新风模式，一次回风模式和全回风模式。

系统供风模式	风阀工作状态		
	AV1	AV8	AV9
全新风模式	开	关	开
一次回风模式	开	开	开
全回风模式	关	开	关

3. 系统原理

两个除湿换热器（SCHE A 和 SCHE B）分别在除湿模式和再生模式之间连续切换运行；在一个完整的系统循环内，两个除湿换热器各自独立进行，并且在除湿模式和再生模式之间完成一次切换。

如图 7-93 所示，外界环境空气在系统风路循环入口处被分为两部分分别用作除湿和再生过程。在循环的前半阶段，除湿换热器 A、B 分别处于再生和除湿模式：来自太阳能集热子系统的热水通过热水泵和电磁三通阀的切换被引入除湿换热器 A（实现箭头方向：太阳能集热水箱→WV1→WV2→SCHEA→WV4→WV3→WP 2→太阳能集热水箱），用于提高除湿换热器的翅片温度，完成对翅片表面固体干燥剂涂层的加热再生，再生过程中产生的高温高湿空气在风机和空气调节阀的作用下以废气的形式被排出室外（AV1→AV2→SCHEA→AV6→室外）。与此同时，另一部分环境空气则在风机和空气调节阀的作用下被引入除湿换热器 B，空气中的水分被换热器翅片表面的固体干燥剂涂层吸附，最终处理完成的干燥新风被送入空调房间（AV1→AV3→SCHE B→AV5→室内）。来自冷却塔的冷却水则在冷却水泵和三通电磁阀的作用下被送入除湿换热器 B（实现箭头方向，冷却塔→WV7→WV8→SCHE B→WV6→WV5→WP 3→冷却塔）。

经过一段时间的运行之后，除湿换热器 A 基本完成再生，而除湿换热器 B 经过不断吸湿后，涂覆的固体干燥剂也基本达到饱和状态。通过对空气调节阀和三通水阀的控制，对两个除湿换热器进行切换，除湿换热器 A 和除湿换热器 B 相应分别进入除湿和再生模式，系统也随之进入循环的后半阶段。针对除湿换热器 A，水路循环变更为：（虚线箭头方向）冷却塔→WV7→WV4→SCHEA→WV2→WV5→WP 3→冷却塔；风路循环则变更为：AV1→AV2→SCHEA→AV4→室内。针对除湿换热器 B，水路循环变更为：（虚线箭头方向）太阳能集热水箱→WV1→WV6→SCHE B→WV8→WV3→WP2→太阳能集热水箱；风路循环则变更为：AV1→AV3→SCHE B→AV7→室外。在一个典型循环内，系统各阀门的切换方式如表 7-21 所示。

系统工作控制模式　　　　　　　　　　表 7-21

	除湿换热器工作模式		风阀工作状态					
	SCHE A	SCHE B	AV2	AV3	AV4	AV5	AV6	AV7
前半循环周期	除湿	再生	开	开	开	关	关	开
后半循环周期	再生	除湿	开	开	关	关	开	关

系统再经过一段时间的运行之后，两个除湿换热器又再次达到饱和或完成再生，需要再次切换水路和风路的阀门，系统完成一次完整循环。按照上述方法，通过不断切换阀门

实现系统的连续运行和稳定除湿。

4. 性能分析

图 7-93 所示为除湿系统除湿空气侧出口焓值变化曲线图。由图中可以看到在除湿换热器 A 由再生模式切换至除湿模式的初始阶段，由于受换热器内残留热的影响，其出口空气焓值明显高于环境空气的焓值，因此系统的制冷量只能维持在一个较低或是负值的水平上。随着除湿过程的进行，大约在 100s 的时候，除湿换热器 A 除湿空气侧的出口空气焓值开始低于环境空气焓值，系统制冷量开始伴随除湿换热器 A 的除湿过程呈不断增长的趋势。经过计算，除湿换热器 A 在其除湿阶段的最大制冷量可达到 9.53kW，平均制冷量可达到 4.82kW。类似的性能变化趋势同样也出现在对除湿换热器 B 除湿模式的实验调查研究中，其最大制冷量和平均制冷量分别可达到 9.04kW 和 5.13kW。

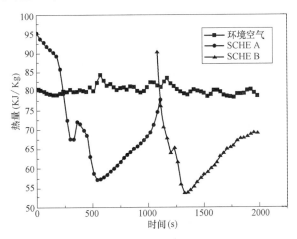

图 7-93　除湿换热器处理空气侧出口焓值变化曲线图

在整个循环中，系统再生热水的进出口温差基本保持在 11.4℃左右，再生消耗热维持在 14.71kW 左右。由此可知，系统的平均 COP_{th} 和最大 COP_{th} 分别为 0.33 和 0.63。在此典型高温高湿工况下，该连续型除湿换热器除湿系统的详细性能评定指标分别列下表 7-22 中。

系统及除湿换热器在典型工况下的详细性能参数　　　　　　　　表 7-22

	除湿量(g/kg)		除湿率(%)		COP_{th}	
	最大	平均	最大	平均	最大	平均
SCHE A	9.6	5.26	52.09	29.47	0.65	0.33
SCHE B	9.57	4.9	54.33	27.94	0.61	0.35
系统		5.08		28.71		0.34

7.6.2　采用除湿换热器的回热型全新风除湿系统

1. 系统组成

相比较原有的除湿换热器除湿系统，新型全新风除湿系统在关键设备和系统设计方面都做出了显著的改进和优化。一方面，针对原有除湿换热器的制作工艺提出并实现了改进和提高，使得除湿换热器的制作更加合理和高效。在保证了原有除湿性能的基础上，进一步提高了除湿换热器的性能和使用寿命；另一方面，与原有系统相比，新型全新风除湿系统引入了一套回热装置（见图7-94和图7-95）。不仅有效利用了系统再生废热，同时使得系统的COP_{th}得到了提高，避免不必要的能源浪费。

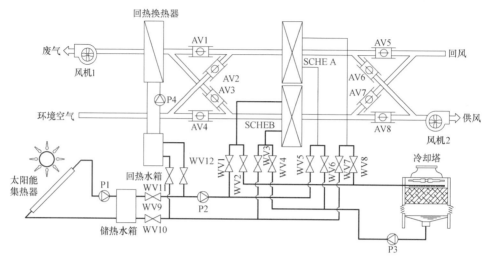

图 7-94　基于除湿换热器技术的新型全新风除湿实验系统结构示意图
AV—风阀，P—水泵，WV—水阀，SCHE—除湿换热器

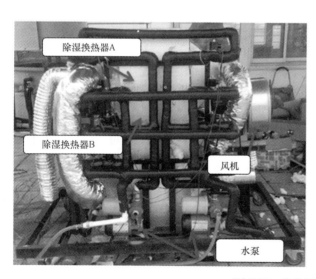
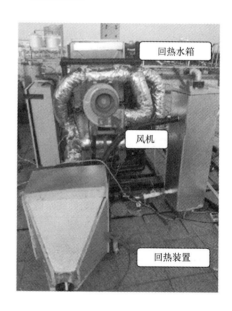

图 7-95　实物图

根据水路循环和风路流程，系统可划分为再生热水循环、冷却水循环、处理空气流程和再生空气流程。系统主要由五大子系统组成：太阳能集热子系统、冷却水子系统、基于除湿换热器技术的除湿子系统、回热子系统和自动控制子系统。其中太阳能集热子系统与冷却水子系统和原有除湿系统基本一致。新型全新风除湿系统与原有系统相比，主要区别和改进之处主要集中在其余三个子系统。

（1）基于除湿换热器的除湿子系统

除湿换热器从结构尺寸和加工工艺两方面进行了优化，其具体结构尺寸如表 7-23所示。

应用于新型全新风除湿系统的除湿换热器结构尺寸　　　　　　表 7-23

名称	符号	参数(mm)
长	L	200
宽	W	400
高	H	400
翅片厚度	δ_f	0.15
干燥剂涂层厚度	δ_d	0.5
翅片间距	δ	3
铜管外径	d_o	9.87
铜管内径	d_i	8.67
铜管纵向间距	n_1	21.3
铜管横向间距	n_2	24.6

改进后的具体加工步骤为：

1）清洗。在除湿换热器开始制作前为了确保涂覆的均匀性和附着性，应保证换热器金属表面洁净、无油污。具体方法为：将换热器整体浸泡在稀释后的脱脂去油溶液（三氯乙烯或丁酮溶液）中 1～2h 后，用清水反复冲洗，再将其放置在烘箱内 4～6h 烘干多余水分，烘箱温度控制在 100±5℃ 左右。若换热器的翅片有变形或是其他影响涂覆质量的缺陷还要做必要的修型和调整，以确保换热器翅片平整、间隙均匀。

2）上胶。将水性胶粘剂与水按照适合的比例稀释，稀释后的水性胶粘剂的黏度范围在 1900～2600cps 内（25℃），再借助空气压缩机驱动的气动喷枪将稀释后的水性胶粘剂均匀地涂覆在除湿换热器金属翅片表面上。在喷涂过程中应尽量喷枪的喷涂角度和喷涂速度，保证上胶的均匀性。在部分位置如果发现有水性胶粘剂喷涂过多的现象时，应借助高压气体及时吹除。

3）上粉。将均匀涂覆水性胶粘剂的换热器置于室内自然干燥一段时间，待其表面不再有明显的水层后，同样用气动喷枪将固体硅胶粉末均匀的喷涂在覆盖有水性胶粘剂的除湿换热器金属翅片表面。再将换热器置于 100±5℃ 左右的烘箱内 4～6h，直到水性胶粘剂完全干燥为止，并将多余的干燥剂粉末利用高压空气吹除。

4）浸泡。将上粉完成并冷却后的换热器完全浸泡在硅溶胶溶液中 4～6h。硅溶胶的浓度应保持在 30％～40％左右，浓度过低会影响上胶量，浓度过高容易在浸泡过程中形成结晶现象。将浸泡后的换热器置于 100±5℃ 左右的烘箱内 4～6h，直到换热器完全干燥。

5）除湿换热器在浸泡后硅胶涂覆量依旧有限，尚需重复步骤“4）”3～5 次，直至除湿换热器的质量不再增加或增加不明显为止。

6）完成。制作完成后的除湿换热器若不立即使用，需用聚乙烯膜包裹并存放在阴凉干燥的环境下，以延长干燥剂涂层的使用寿命。

（2）回热子系统

回热子系统主要由回热换热器（HRHE）、回热水箱（HRT）和回热热水泵（P4）组成。回热子系统各部件的主要性能参数如表 7-24 所示。

回热子系统各部件主要性能参数 表 7-24

名称	内容	参数
回热换热器(HRHE)	长	150mm
	宽	400mm
	高	400mm
	换热面积	16m²
回热水箱(HRT)	容积	40L
回热热水泵(P4)	额定流量	1.5m³/h
	最大扬程	9m
	额定功率	0.08kW,220V

（3）其他

本系统其他配套设备的性能参数如表 7-25 所示。

系统其他配套设备性能参数 表 7-25

名称	数量	参数
太阳能集热子系统		
真空管太阳能集热器		额定集热功率:8.5kW
		集热面积:22m²
太阳能集热水箱（ST）	1	容量:500L
		最大流量:4m³/h
太阳能集热热水循环泵（P1）	1	最大扬程:20m
		额定功率:0.2kW,220V
		额定流量:4m³/h
冷却水子系统	1	最大扬程:8m
		额定功率:0.15kW,220V
		最大流量:1110m³/h
风机	2	最大风压:155Pa
（Fan 1 和 Fan 2）		额定功率:0.2kW,380V
		最大流量:2m³/h
水泵	2	最大扬程:32m
（P2 和 P3）		额定功率:0.1kW,220V

2. 系统运行原理

基本运行原理是建立在两个除湿换热器相互切换运行模式的基础上：一个除湿换热器在除湿模式下运行的同时，另一个除湿换热器在再生模式下运行。与原有除湿系统不同的是，在新型全新风除湿系统中由于引入了回热装置，因此在当除湿换热器处于再生模式情况下，其再生过程根据驱动热源的不同被划分两个子过程：预再生过程和高温再生过程。由此，针对新型全新风除湿系统而言，其一个完整的循环过程基本可划分为两大模式：

MODE 1 和 MODE 2；若是在采用回热子系统的情况下，其每个模式还可再分为两个子模式，即四个模式：MODE 1-1、MODE 1-2、MODE2-1 和 MODE 2-2，如图 7-96 所示。

图 7-96　系统循环模式示意图

每种模式对应的阀门切换方式如表 7-26 所示。

系统运行模式及其阀门切换方式　　　　表 7-26

模式 MODE	除湿换热器 SCHE A	除湿换热器 SCHE B	太阳能集热子系统	回热子系统	V1	V2	V3	V4
1-1	除湿	再生	×	放热	√	×	×	√
1-2			√	回热			√	×
2-1	再生	除湿	×	放热	×	√	×	√
2-2			√	回热			√	×

3. 系统性能分析

对于带有回热子系统的新型全新风除湿系统，其在典型工况下的具体性能参数如表 7-27 所示。

新型全新风除湿系统典型工况下具体性能参数汇总　　　表 7-27

	MODE1-1	MODE1-2	MODE2-1	MODE2-2	总
平均除湿量(g/kg)	8.96		9.06		9.01
平均潜热制冷量(W)	3299		3341		3320
平均显热制冷量(W)	−35		−25		−30
平均全热制冷量(W)	3264		3316		3290
平均再生量(g/kg)	6.26	11.8	6.14	11.83	9.13
预再生热量消耗(kJ)	615.4		620.6		
高温再生热量消耗(kJ)		1013		1003	2016
电能消耗(kJ)	36	50.4	36	50.4	172.8
$COP_{th.d}$	1.2		1.18		1.19
$COP_{el.d}$	13.94		13.72		13.83
放热/回热量(kJ)	615.4	691.5	620.6	713.3	
回热效率	0.89		0.87		0.88

全新风除湿系统不管在有/无回热子系统的情况下，其除湿能力都达到甚至超过了设计之初定制的额定除湿目标（8.4g/kg）。对应不同的环境工况，新型全新风除湿系统可

以保证稳定而持续的除湿处理能力，其处理空气出口含湿量低于 7.5g/kg。回热子系统的成功引入，不仅可以大大提高新型全新风除湿系统的热力学 *COP*（从 0.5～0.6 提高到 1～1.2），还可以减少残留热对系统模式切换过程中的不利影响，降低处理空气的出口干球温度的同时提高系统的全热制冷量。

本章参考文献

［1］ 熊珍琴. 热致浓度差两级双溶液除湿系统理论与实验研究. 上海：上海交通大学，2009.

［2］ 吕光昭. 独立光伏空调系统的研究. 上海交通大学，2012.

［3］ 赵耀. 除湿换热器热湿传递机理与除湿系统理论及实验研究. 上海：上海交通大学，2015.